基于坐标变换的植物精细重建

陆　玲　王志畅　王　蕾　汪　彬　著

内容简介

本书根据植物器官的点云数据对叶片、花朵、果实、枝干进行了精细重建。由于原始点云数据量大且点的邻接关系不明确，本书设计了一种基于坐标变换，根据植物器官的形状将点云数据直角坐标变为圆柱坐标、球坐标、圆环坐标等，直接获取点云数据间关系的方法，可快速重建植物器官。

图书在版编目（CIP）数据

基于坐标变换的植物精细重建 / 陆玲等著. —哈尔滨：哈尔滨工程大学出版社，2023.7
ISBN 978-7-5661-4059-3

Ⅰ. ①基… Ⅱ. ①陆… Ⅲ. ①植物器官-研究 Ⅳ. ①Q944.5

中国国家版本馆 CIP 数据核字(2023)第 131245 号

基于坐标变换的植物精细重建
JIYU ZUOBIAO BIANHUAN DE ZHIWU JINGXI CHONGJIAN

选题策划 刘凯元
责任编辑 刘凯元
封面设计 李海波

出版发行 哈尔滨工程大学出版社
社　　址 哈尔滨市南岗区南通大街 145 号
邮政编码 150001
发行电话 0451-82519328
传　　真 0451-82519699
经　　销 新华书店
印　　刷 哈尔滨午阳印刷有限公司
开　　本 787 mm×1092 mm　1/16
印　　张 7.5
字　　数 140 千字
版　　次 2023 年 7 月第 1 版
印　　次 2023 年 7 月第 1 次印刷
定　　价 48.00 元
http://www.hrbeupress.com
E-mail:heupress@hrbeu.edu.cn

前　　言

随着获取三维点云数据设备的快速发展及广泛应用，对实体、场景等进行三维重建已广泛应用于计算机视觉、3D 打印、虚拟现实、逆向工程等领域，在地形测绘、医学研究、航空航天、农林业、考古和文物保护等众多领域也有广泛的应用。在农林领域中，通过对三维植物的重建，可以获取植物在各个时期的形态特征，以便了解植物的生长状况，为定量研究植物生长规律提供依据。通过植物器官的精细重建，可以对植物器官进行无损精确测量，获取尺寸参数，进行植物特征分析，对植物研究和指导生产有重要的意义。

本书重点讲解了植物的叶片、花朵、果实、枝干的三维点云重建方法。对于叶片点云，根据叶片的范围及主方向，选定圆柱坐标原点进行圆柱坐标变换；对于花朵点云，先利用圆柱坐标对花瓣进行分割，再利用圆环坐标对每个花瓣进行坐标变换；对于果实点云，选定果实点云的中心点作为球坐标原点进行坐标变换；对于枝干点云，先进行枝干分割，再分别对每个枝干进行倾斜圆柱坐标变换。坐标变换后的点云，可以快速建立邻接关系，生成三维网格图形，利用 B 样条曲面进行重建。

本书的出版得到了国家自然科学基金项目“基于器官造型的植物精细重建”(61761003)的资助，在此表示感谢。

本书由南昌职业大学陆玲、王志畅和东华理工大学王蕾、汪彬共同撰写。由于著者水平有限，书中难免有不妥之处，敬请广大读者批评指正。

著　者

2022 年 12 月

目　　录

第1章 绪 论

随着计算机视觉和三维扫描技术的快速发展,三维重建技术也迅速发展起来。由于三维获取手段的日趋成熟和相关仪器设备的广泛应用,对实体、场景等进行三维重建成为研究的热点,广泛应用于逆向工程、医学研究、考古和文物保护等诸多领域。在农林领域中,植物的三维重建对农林业的发展具有重要意义,通过准确的三维重建,可以获取植物在各个时期的形态特征、了解植物的生长状况以及预测植物的生长规律,为农林业服务。

植物器官的空间形态结构是植物基因表达、资源获取和生殖繁衍等生命属性特征表征的载体,植物器官的精细重建不仅能够为定量研究植物生长规律提供依据,还能够对植物在差异环境下生长的一些指标进行预测,也可对植物器官进行无损精确测量,获取尺寸参数,进行植物株型特征分析、适应性评价、栽培管理优化、生产能力分析等。通过植物器官造型与三维点云等测量数据的结合,进行植物器官的精细重建,对研究植物特性和指导生产有重要的意义。同时,植物三维结构的数字重建和精确测量可用于农林、教育、文化、商业等诸多领域,也可为城市植被生态效益准确计算等提供支撑和依据。

当前,针对植物器官重建的研究,按重建数据的来源,可将植物重建分为形状约束的过程建模、基于草图的植物重建、基于图像的植物重建、基于三维点云的植物重建四类方法,这些方法的重建效果实现了从基于视觉的近似到基于点云的精确的跨越。根据不同的需求可采用不同的方法。

1.1 基于形状约束的过程建模

基于形状约束的过程建模主要目的是达到可视化的效果,并不要求精准,但造型速度相对较快。

最著名的植物模型工具 L 系统,最初由 Lindenmayer[1] 提出,而 Prusinkiewicz[2][3] 将其应用于植物模拟与植物生长模拟中。陈昭炯[4] 在 L 系统中引入随机分形技术,使模拟效果更为逼真。Prusinkiewicz 等[5]通过沿轴线逐渐变化某些特征,使用位置信息控制植物轴的参数来模拟不同植物,使 L 系统变得更灵活。张树兵等[6]将 L 系统用简单递归进行表示,简化了复杂链表结构和遍历过程。Wang 等[7]建立了能较真实地反映具有一定厚度树叶的模型。邓旭阳等[8]构建了参数化的玉米叶片几何模型,该模型使用较少的具有较明确生物学意义的形态参数,实现了玉米叶片形态和形变过程的矢量化。Habel 等[9]提出了一种阴影模型实时渲染植物叶片的方法,基于光散射的半透明原理,可以渲染大量被遮蔽的半透明树叶。陆玲等[10][11][12]提出了基于椭球变形的植物果实造型方法,该方法具有建模速度快的特点,随后又提出基于平面变形的植物花瓣造型方法[13]和花朵的造型方法[14],以及基于变形的植物花朵生长方法[15]、植物果实生长方法[16][17]、植物果实模型生成方法[18],后续又提出半透明植物花朵可视化造型方法[19]、叶脉可视化造型方法[20]及植物花色模拟方法[21][22]。董天阳等[23]提出了一种三维树木叶片模型分治简化方法,从树叶的几何形状和视觉外观两方面对树叶相似性进行综合评价,从而更好地保持简化后树木模型的视觉感知效果。Wang 等[24]提出了一种生成特定形状树的方法,通过定义变化代价函数来确定不同形状之间的差异并指导目标树冠分解为一系列的子树,每一个子树都与植物参数与植物因子相关,经过多次迭代找到最佳形状近似子树。Yi 等[25]提出了一种基于光资源、空间占用和资源分配的树枝生长建模方法,通过计算节点的各资源值确定该节点是否分枝。该方法虽然能确定树枝的生长及分枝走向,但没有考虑受重力影响的分枝,也没有考虑植物内部生长机理的影响。

综上所述,基于形状约束的过程建模方法造型速度快,但是由于该方法没有考虑真实的数据,因此不能达到植物器官的精细重建要求。

1.2 基于草图的植物重建

基于草图的植物重建技术主要是在植物建模的背景下,允许用户交互给定一些特征数据(例如:画点、画曲线等)后创建三维植物。

Lintermann 等[26]将一系列的植物器官结构和植物几何元素映射到可描述具体植物和生成几何形状的表现形式,通过用户交互给定几何参数、方向、自由变形达到控制植物整体形状的目的。Mundermann 等[27]提出了一种二维裂叶造型方法,先输入叶片的轮廓,再计算裂叶的骨架并用样条曲线拟合,最后,通过骨架与叶片轮廓生成叶片模型。Ijiri 等[28]使用植物学结构约束建立了交互花模型,花瓣和树叶由用户输入轮廓,然后通过变形形成最终花朵,但生成的花瓣边界都是圆滑效果,且花瓣表面无凹凸纹理。之后 Ijiri 等[29]又提出了一个互动式花成分的建模系统,可以从最初的草图转换到一个详细的三维模型。Okabe 等[30]提出了一种基于二维草图笔画生成三维树枝的算法,将 2D 草图通过最大限度之间的距离重建为三维分支骨架。Ijiri 等[31]提出了一种生物机制方法建立动画的开花过程,使用弹性的三角网格表示花瓣并通过生成每个三角区域模仿它的生长,用户录入指定参数后获得正确结果。Chen 等[32]从树模型数据库中获取参数,进行二维投影,通过与二维草图比较后,选择出最佳匹配模型。WITHER 等提出了一种基于轮廓的新的结构范式方法实现快速建模。Anastacio 等[33]通过绘制中轴结构来建立花瓣或叶片的模型,但该方法只能应用于简单的花瓣,不容易产生波浪形状。Longay 等[34]将空间定殖算法应用于草图建模中,对于空间和光竞争的分枝,基于树生长的自组织性,通过用户给定分枝方向与树范围引导来控制树自主增长。

基于草图的植物重建更多地依赖于用户的交互,对于复杂的植物,整株重建耗时、耗力,由于没有考虑真实数据,因此一般不能达到植物器官的精细重建要求。

1.3 基于图像的植物重建

基于图像的植物建模主要是从单幅或多幅图像中重建植物。

Shlyakhter 等[35]从多幅图像中提取树的整体外壳,使用 L 系统生成外壳中的枝干结构,最终合成阔叶树。Reche 等[36]提出了一种利用体积的方法来捕捉相对稀疏树叶的树木,生成树冠层、分枝和小枝。Quan 等[37]采用半自动重建方法,需要用户配合在图像与三维空间中提供叶片分割信息,将叶片模型进行变形拟合达到重建复杂形状的叶片的目的。Neubert 等[38]使用图像信息建立了一个近似的基于体素的树体积模型,采用粒子流的方法生成树木分枝及细枝。Tan 等[39]根据不同角度拍摄的多幅图像进行三维树重建,首先提取可见枝干进行重建,再利用其分枝结构重建不可见的枝干,截止边界是源树的轮廓。Tan 等[40]根据一幅图像进行三维树重建,需要用户交互来确定枝干方向及树叶区域,将生成模型的二维投影与输入图像进行拟合,建立三维形状,树枝的合成从预定义子树或可见子树开始。MA 等[41]从图像中的三维数据检测叶片顶点,得到叶片的位置与形态信息,通过体积优化确定三维叶片的形状。Bradley[42]提出了一种稠密簇叶的生成方法,首先,通过一个植物的多幅照片重建三维点云,分别提取稠密簇叶与单个叶片的三维点云数据,然后用单个叶片的网格数据在稠密簇叶点数据中进行匹配,将匹配成功的稀疏叶片再重新生成作为新叶片添加进去,最后生成稠密簇叶。Yan 等[43]提出了一种从单一照片半自动重建花模型的方法,根据模板花瓣的形状特点,先从图像中确定花瓣的位置与方向,匹配出花朵外接形状的锥体,然后根据花模型变形锥体匹配花底表面,再沿模板花瓣轮廓修剪花面生成花瓣网格,最后进行纹理贴图,中间过程的关键点需要用户交互,如花中心位置,当一片花瓣破损或变形时则不能实现建模。

1.4 基于三维点云的植物重建

随着扫描技术的不断发展,基于三维点云重建植物的各种方法也得到了发展。

Xu 等[44]提出了一种半自动的植物重建方法,即根据点云数据提取树的主干骨架和主要分枝,采取综合附加分枝为树冠提供可信的支持,使用异速生长理论估计每个分枝部分的适当长度,在整个骨架中产生网格,最终形成多边形模型。Bucksch 等[45,46]利用点云数据生成簇点并连接相邻簇点形成骨架。CÔTÉ 等[47]基于光散射特性从附加的强度数据对小几何体进行合成重构树模型。Livny 等[48]提出了一种利用最小生成图自动重构多个树木的骨骼结构的方法,对于多个重叠的树木进行分割;随后,他们又提出了一个基于叶的树表示建模树[49],将树叶细节抽象成规范的几何结构,避免了重建树叶小细节的麻烦。Raumonen 等[50]提出了基于点云的自动重建树方法,重建时以树表面的局部小块为单位,最后扩展到整个树枝,然后对局部小块进行分割,得出分枝结构,最后使用弯曲圆柱重建树干。近几年,Ijiri 等[51]利用 X 射线计算机断层扫描技术重建了花模型,提出了一种半自动三维花造型技术,其关键思想是将花抽象成轴和片,根据用户交互的横截面,利用主动的轮廓模型对花朵各部分进行植物精细重建,但其成本较高。Zhang 等[52]提出了多层表示树的方法,结合扫描数据,采用行进中的柱体生成分枝的骨架与半径,再利用层次粒子流算法建立与冠形一致的树的模型,同时可以添补部分缺失的扫描数据。该方法只需少量参数即可自动建模。Yin 等[53]提出了一种采集植物和植物建模的新技术,其核心是一种侵入性的采集方法,将不相交植物分离出来,重新准确扫描并建模,再从全局到局部对扫描植物进行非刚性配准,保留植物特征,完成植物重建。该方法可以重建高度弯曲或封闭的植物叶片与茎,但会损坏植物。陆玲等[54]提出了基于球坐标的植物果实重建方法,该方法重建速度快,精度高。

第2章　三维点云数据的预处理

通过仪器测量得到的物体外观表面三维点坐标等数据的集合称为点云。点云数据是以点的形式记录下来的,每个点除了包含点的三维坐标几何位置外,还可能包含 RGB 颜色信息或激光反射强度等。一般情况下,点云数据量比较大且密集。

2.1　三维点云数据的获取

点云数据可以通过激光等仪器得到:

①根据激光仪器得到的点云数据,一般包括点的三维坐标和激光反射强度。激光的反射强度与物体的表面粗糙程度、入射光的能量、入射光的波长、入射光的方向等因素有关。当一束激光照射到物体的表面时,会记录反射的激光方位和距离等信息。如果将激光束按照特定扫描轨迹进行扫描,就会一边扫描一边记录反射光的信息,形成激光点云。

②根据摄影测量原理得到的点云数据,一般包括点的三维坐标和 RGB 颜色信息。

③如果将激光测量和摄影测量原理相结合,就可以得到点云的三维坐标、激光反射强度和 RGB 颜色信息等较为综合的信息。

在实际的操作过程中,由于仪器的结构原理不同,生成的点云数据也会有差异。即使对同一个物体进行多次扫描,采集到的点云数据也可能不同。

2.2　三维点云数据的读取

本小节所描述处理的点云数据都是文本文件,如果是其他格式文件,可通过相关软件转为文本文件。文件中仅保留点云数据的三维坐标值,图 1-1 所示为植物点云数据文件中的一小部分，每三个数据为一个点云数据的(x,y,z)坐标值。

```
-19.8001 44.6052 -31.8409 -19.4211 44.5204 -31.8297 -19.0473 44.4731 -31.8878 -20.5313 44.8388 -31.9957 -20.2483 44.8287 -31.955
-19.674 41.9544 -31.597 -19.5409 41.9843 -31.577 -21.3836 42.3549 -31.5758 -21.097 42.3923 -31.5727 -20.499 42.3097 -31.5727
-20.2019 42.2406 -31.4865 -19.8176 42.187 -31.4152 -19.3939 42.1857 -31.4391 -19.0644 42.1725 -31.5197 -18.741 42.3419 -31.5351
-21.7264 42.6456 -31.5296 -21.3778 42.6176 -31.4798 -20.9499 42.6287 -31.4945 -20.5896 42.5504 -31.4742 -20.1863 42.6112 -31.3339
-19.7918 42.5726 -31.2742 -19.4116 42.6081 -31.2753 -18.9934 42.6105 -31.3191 -18.6238 42.587 -31.4803 -21.7105 43.0407 -31.5237
-21.4114 43.0049 -31.4854 -20.9801 43.0267 -31.4659 -20.6347 42.9169 -31.4295 -20.2201 43.0167 -31.3967 -19.8022 42.9331 -31.3164
-19.3888 42.985 -31.2914 -18.971 42.9974 -31.3034 -18.5998 43.0061 -31.4162 -21.3442 43.2969 -31.5617 -20.9658 43.3884 -31.5545
-20.5835 43.4024 -31.5405 -20.1965 43.4032 -31.5052 -19.793 43.3974 -31.442 -19.3807 43.3996 -31.4056 -18.9577 43.3897 -31.4014
-18.5839 43.3957 -31.473 -18.3713 43.2771 -31.5927 -20.5882 43.6986 -31.5937 -20.1768 43.7514 -31.5664 -19.8141 43.7767 -31.5387
-19.385 43.8326 -31.5507 -18.9524 43.8027 -31.5348 -18.6718 43.7452 -31.5393 -19.7147 44.0237 -31.5942 -19.1009 44.0098 -31.5979
```

图 2-1　植物点云数据截图

由于点云数据量较大，对点云数据进行处理时，需要多次读取点云数据，将外存文本文件中的点云数据存入内存中，可以加快点云数据的处理速度。我们用单链表形式在内存中存储点云数据，如图 2-2 所示。

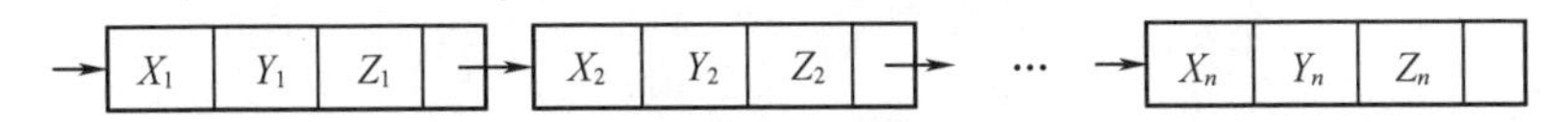

图 2-2　点云数据单链表形式存储

本书使用的程序设计环境是 Visual C++ 6.0，采用 MFC 方式进行编程。

用 C 语言定义链表中每个节点的结构体类型(全局类型)如下。

```
typedef struct PointXYZ
{float X,Y,Z;
struct PointXYZ *NextP;
}PointList;
```

①定义指向链表中节点的相关指针全局变量。

```
PointList *Head,*PL1,*PL2;
```

②定义文件打开对话框类对象，以便用户选择点云数据文件。

```
CFileDialog dlg(true);
```

③显示对话框并判断用户是否确定打开文件。

```
if(dlg.DoModal()==IDOK)
```

如果用户确定打开文件，就进行下面的程序，否则退出。

④获取用户选择的点云数据文件名。

```
CString name=dlg.GetFileName();
```

⑤ 打开点云数据文件。

```
FILE *FileP=fopen(name,"r");
```

⑥为链表头开辟空间。

```
Head=PL1=PL2=(PointList *)malloc(sizeof(PointList));
```

⑦ 循环从文件中读取坐标值并放入链表中,直到文件结束为止。

```
while(!feof(FileP))
{                                          //将点云数据放入节点
fscanf(FileP,"% f% f% f",&PL1->x,&PL1->y,&PL1->z);
                                           //为新节点开辟空间
PL2=(PointList *)malloc(sizeof(PointList));
PL1->NextP =PL2;                           //将节点接入链表
PL1=PL2;
}
PL1->NextP=NULL;                           //链表结束
```

⑧关闭文件。

```
fclose(FileP);
```

2.3 点云数据的显示

2.3.1 投影变换

投影变换就是把 n 维数据变为 $n-1$ 维数据的过程。在二维平面绘制三维图形,必须经过投影变换。计算机图形输出设备如显示屏、绘图仪、打印机等都是二维设备,用这些二维设备显示三维图形,需要把三维图形上各点坐标变换成二维坐标,也就是投影变换。

投影变换根据投影中心到投影平面之间距离的不同,可分为平行投影和透视投影,其中平行投影又分为正平行投影和斜平行投影。

对于正平行投影,投影方向垂直于投影面,投影线都是平行线。已知一个投影面及三维空间一条直线段 AB,设投影中心在无穷远,投影线为平行线,A 投影到 A', B 投影到 B',连接 $A'B'$,就是 AB 经过平行投影后得到的图形,如图 2-3 所示。

通常说的三视图即正视图、俯视图和侧视图,均属于正平行投影,如图 2-4 所示。三视图的生成就是把直角坐标系下的三维物体分别投影到 3 个坐标平面上,再将 3 个二维投影图变换到一个平面。

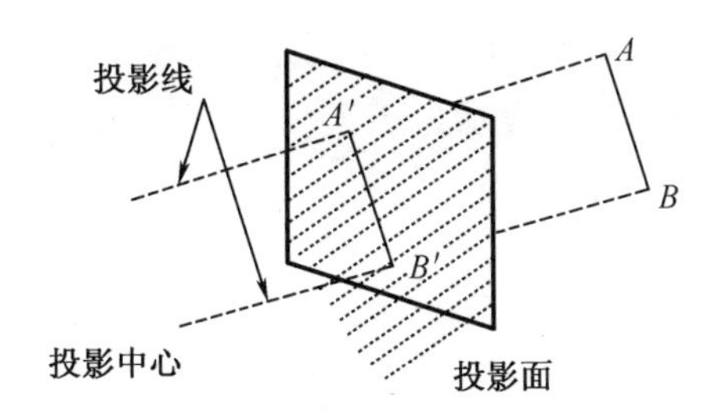

图 2-3　正平行投影示意图

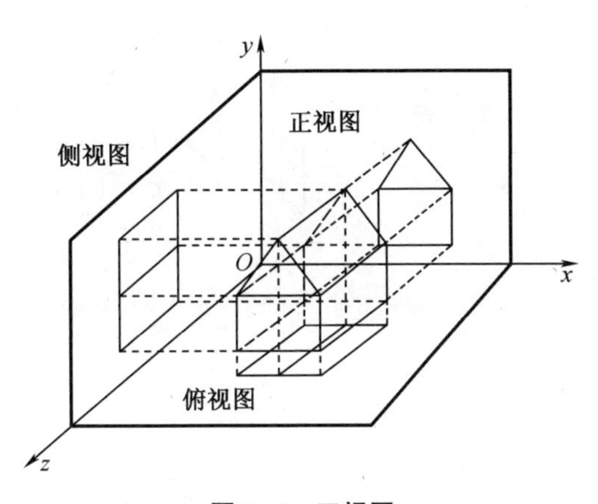

图 2-4　三视图

投影变换之前一般需要进行几何变换。

1. 三维几何变换

图形的几何变换是图形的几何信息经过变换后产生新图形的变换。在图形的几何变换过程中,若坐标系不动而图形动,则变换后图形的坐标值发生变化;若图形不动而坐标系动,则变换后的图形在新坐标系下具有新的坐标值,这两种情况的本质是一样的。为了方便,本书提到的几何变换主要指前一种情况,并采用齐次坐标表示。

简单地说,齐次坐标就是用 $n+1$ 维信息表示 n 维信息,可以用变换矩阵较方便地表示对图形的变换。假设三维图形变换前的齐次坐标为 $[x \quad y \quad z \quad 1]$,则变换后的坐标为 $[x' \quad y' \quad z' \quad 1]$。

(1)平移变换

设三维点坐标为 $P(x, y, z)$,在 x 轴、y 轴、z 轴三个方向分别移动 T_x、T_y、

T_z,生成新的点 $P'(x', y', z')$,则有

$$x'=x+T_x, y'=y+T_y, z'=z+T_z$$

用齐次坐标和矩阵形式可表示为

$$\begin{aligned}[x' \quad y' \quad z' \quad 1] &= [x \quad y \quad z \quad 1]\begin{bmatrix}1 & 0 & 0 & 0\\0 & 1 & 0 & 0\\0 & 0 & 1 & 0\\T_x & T_y & T_z & 1\end{bmatrix}\\ &= [x+T_x \quad y+T_y \quad z+T_z \quad 1]\end{aligned} \tag{2-1}$$

平移变换矩阵为

$$\boldsymbol{T}(T_x, T_y, T_y)=\begin{bmatrix}1 & 0 & 0 & 0\\0 & 1 & 0 & 0\\0 & 0 & 1 & 0\\T_x & T_y & T_z & 1\end{bmatrix} \tag{2-2}$$

(2)比例变换

设点 $P(x, y, z)$ 在 x 轴、y 轴、z 轴三个方向分别做 s_x、s_y、s_z 倍的缩放,生成新的点坐标 $P'(x', y', z')$,则有

$$x'=xs_x, y'=ys_y, z'=zs_z$$

用齐次坐标和矩阵形式可表示为

$$\begin{aligned}[x' \quad y' \quad z' \quad 1] &= [x \quad y \quad z \quad 1]\begin{bmatrix}s_x & 0 & 0 & 0\\0 & s_y & 0 & 0\\0 & 0 & s_z & 0\\0 & 0 & 0 & 1\end{bmatrix}\\ &= [xs_x \quad ys_y \quad zs_z \quad 1]\end{aligned} \tag{2-3}$$

比例变换矩阵为

$$\boldsymbol{S}(s_x, s_y, s_z)=\begin{bmatrix}s_x & 0 & 0 & 0\\0 & s_y & 0 & 0\\0 & 0 & s_z & 0\\0 & 0 & 0 & 1\end{bmatrix} \tag{2-4}$$

如果比例变换的参考点为(x_f, y_f, z_f),其变换矩阵为

$$
\begin{bmatrix} 1 & 0 & 0 & 0 \\ 0 & 1 & 0 & 0 \\ 0 & 0 & 1 & 0 \\ -x_f & -y_f & -z_f & 1 \end{bmatrix}
\begin{bmatrix} s_x & 0 & 0 & 0 \\ 0 & s_y & 0 & 0 \\ 0 & 0 & s_z & 0 \\ 0 & 0 & 0 & 1 \end{bmatrix}
\begin{bmatrix} 1 & 0 & 0 & 0 \\ 0 & 1 & 0 & 0 \\ 0 & 0 & 1 & 0 \\ x_f & y_f & z_f & 1 \end{bmatrix}
$$

$$
= \begin{bmatrix} s_x & 0 & 0 & 0 \\ 0 & s_y & 0 & 0 \\ 0 & 0 & s_z & 0 \\ (1-s_x)x_f & (1-s_y)y_f & (1-s_z)z_f & 1 \end{bmatrix} \tag{2-5}
$$

(3)绕坐标轴的旋转变换

在右手坐标系下,绕坐标轴旋转 θ 角的变换公式如下。

①绕 x 轴旋转:

$$
[x' \quad y' \quad z' \quad 1] = [x \quad y \quad z \quad 1] \begin{bmatrix} 1 & 0 & 0 & 0 \\ 0 & \cos\theta & \sin\theta & 0 \\ 0 & -\sin\theta & \cos\theta & 0 \\ 0 & 0 & 0 & 1 \end{bmatrix} \tag{2-6}
$$

②绕 y 轴旋转:

$$
[x' \quad y' \quad z' \quad 1] = [x \quad y \quad z \quad 1] \begin{bmatrix} \cos\theta & 0 & -\sin\theta & 0 \\ 0 & 1 & 0 & 0 \\ \sin\theta & 0 & \cos\theta & 0 \\ 0 & 0 & 0 & 1 \end{bmatrix} \tag{2-7}
$$

③绕 z 轴旋转:

$$
[x' \quad y' \quad z' \quad 1] = [x \quad y \quad z \quad 1] \begin{bmatrix} \cos\theta & \sin\theta & 0 & 0 \\ -\sin\theta & \cos\theta & 0 & 0 \\ 0 & 0 & 1 & 0 \\ 0 & 0 & 0 & 1 \end{bmatrix} \tag{2-8}
$$

在三维点云数据处理过程中,经常使用旋转变换,本研究先定义绕三个坐标轴旋转变换的函数,以便后续程序调用。

```
//绕 x 轴旋转变换的函数:cx 为旋转角度,(x,y,z)为旋转前坐标,(X,Y,Z)为旋转后坐标
    void Revolve X(float cx, float x, float y, float z, float &X, float &Y,
float &Z )
    {   X=x ;
        Y=y * cos(cx)-z * sin(cx) ;
```

```
        Z=y*sin(cx)+z*cos(cx);
    }
//绕y轴旋转变换的函数: cy为旋转角度,(x,y,z)为旋转前坐标,(X,Y,Z)为旋转后坐标
    void Revolve Y(float cy, float x, float y, float z, float &X, float &Y,
float &Z )
    {   X=x*cos(cy)+z*sin(cy) ;
        Y=y ;
        Z=-x*sin(cy)+z*cos(cy);
    }
//绕z轴旋转变换的函数:cz为旋转角度,(x,y,z)为旋转前坐标,(X,Y,Z)为旋转后坐标
    void Revolve Z(float cz, float x, float y, float z, float &X, float &Y,
float &Z)
    {   X=x*cos(cz)-y*sin(cz) ;
        Y=x*sin(cz)+y*cos(cz) ;
        Z=z;
    }
```

2. 正平行投影变换

(1)正视图

图 2-5(a)所示为三维物体投影示意图,做正投影变换,如图 2-5(b)所示,即保留 x、y 值,将 z 值置为 0,则有

$$x'=x, y'=y, z'=0$$

齐次坐标变换矩阵为

$$\begin{bmatrix} 1 & 0 & 0 & 0 \\ 0 & 1 & 0 & 0 \\ 0 & 0 & 0 & 0 \\ 0 & 0 & 0 & 1 \end{bmatrix}$$

再对投影后的图形进行平移变换,如图 2-5(c)所示。

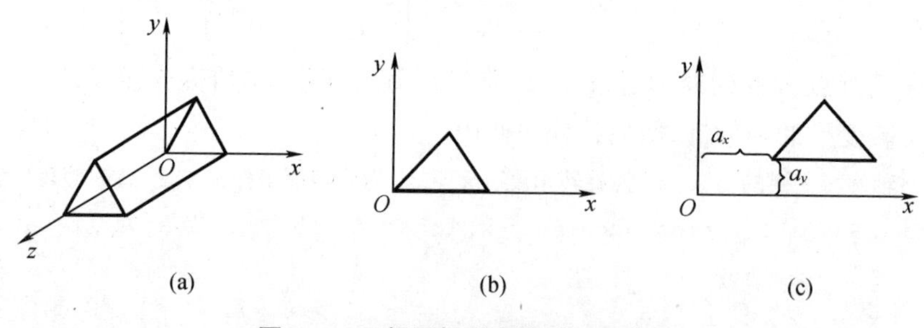

图 2-5 正视图投影变换过程示意图

以上变换用齐次坐标及变换矩阵表示如下：

$$[x' \quad y' \quad z' \quad 1]=[x \quad y \quad z \quad 1]\begin{bmatrix}1&0&0&0\\0&1&0&0\\0&0&0&0\\0&0&0&1\end{bmatrix}\begin{bmatrix}1&0&0&0\\0&1&0&0\\0&0&0&0\\a_x&a_y&0&1\end{bmatrix}$$

$$=[x \quad y \quad z \quad 1]\begin{bmatrix}1&0&0&0\\0&1&0&0\\0&0&0&0\\a_x&a_y&0&1\end{bmatrix} \tag{2-9}$$

所以，正视图的变换式为

$$x'=x+a_x, y'=y+a_y, z'=0$$

(2)侧视图

如图 2-5(a)所示为三维物体投影示意图，生成侧视图的变换过程为：先将三维物体绕 y 轴旋转 90°，如图 2-6(a)所示，再对三维物体进行正投影变换，如图 2-6(b)所示，最后对投影后的图形进行平移变换，如图 2-6(c)所示。

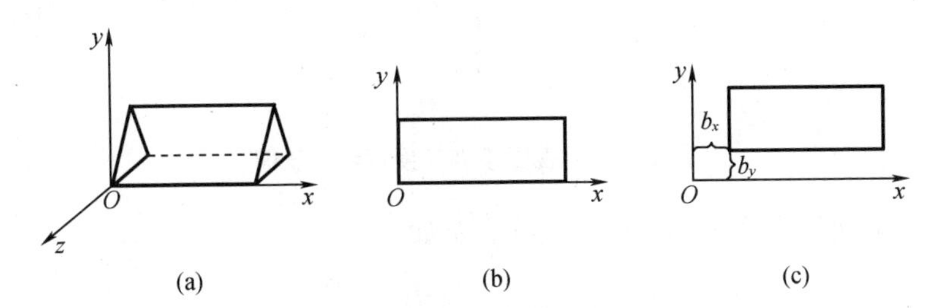

图 2-6　侧视图投影变换过程示意图

以上变换用齐次坐标及变换矩阵表示如下：

$$[x' \quad y' \quad z' \quad 1]=[x \quad y \quad z \quad 1]\begin{bmatrix}\cos 90&0&-\sin 90&0\\0&1&0&0\\\sin 90&0&\cos 90&0\\0&0&0&1\end{bmatrix}\cdot$$

$$\begin{bmatrix}1&0&0&0\\0&1&0&0\\0&0&0&0\\0&0&0&1\end{bmatrix}\begin{bmatrix}1&0&0&0\\0&1&0&0\\0&0&0&0\\b_x&b_y&0&1\end{bmatrix}$$

$$=\begin{bmatrix} x & y & z & 1 \end{bmatrix}\begin{bmatrix} 0 & 0 & 0 & 0 \\ 0 & 1 & 0 & 0 \\ 1 & 0 & 0 & 0 \\ b_x & b_y & 0 & 1 \end{bmatrix} \tag{2-10}$$

所以,侧视图的变换式为

$$x'=z+b_x, y'=y+b_y, z'=0$$

(3)俯视图

如图 2-5(a)所示为三维物体投影示意图,生成俯视图的变换过程为:先将三维物体绕 x 轴旋转 90°,如图 2-7(a)所示,再对三维物体进行正投影变换,如图 2-7(b)所示,最后对投影后的图形进行平移变换,如图 2-7(c)所示。

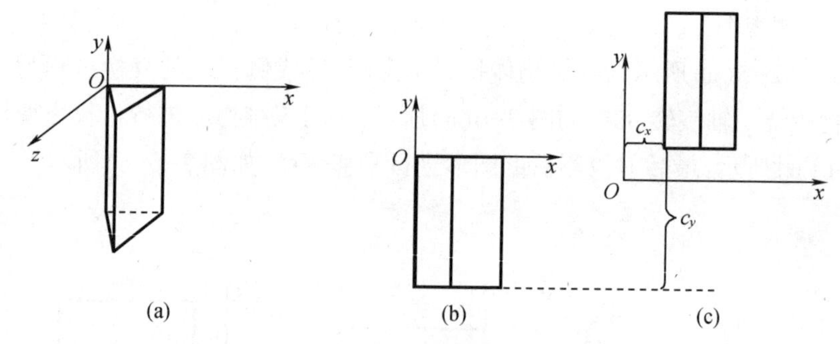

图 2-7 俯视图投影变换过程示意图

以上变换用齐次坐标及变换矩阵表示如下:

$$\begin{bmatrix} x' & y' & z' & 1 \end{bmatrix}=\begin{bmatrix} x & y & z & 1 \end{bmatrix}\begin{bmatrix} 0 & 0 & 0 & 0 \\ 0 & \cos 90 & \sin 90 & 0 \\ 0 & -\sin 90 & \cos 90 & 0 \\ 0 & 0 & 0 & 1 \end{bmatrix}\cdot$$

$$\begin{bmatrix} 1 & 0 & 0 & 0 \\ 0 & 1 & 0 & 0 \\ 0 & 0 & 0 & 0 \\ 0 & 0 & 0 & 1 \end{bmatrix}\begin{bmatrix} 1 & 0 & 0 & 0 \\ 0 & 1 & 0 & 0 \\ 0 & 0 & 0 & 0 \\ c_x & c_y & 0 & 1 \end{bmatrix}$$

$$=\begin{bmatrix} x & y & z & 1 \end{bmatrix}\begin{bmatrix} 1 & 0 & 0 & 0 \\ 0 & 0 & 0 & 0 \\ 0 & -1 & 0 & 0 \\ c_x & c_y & 0 & 1 \end{bmatrix} \tag{2-11}$$

所以,俯视图的变换式为

$$x'=x+c_x, y'=-z+c_y, z'=0$$

(4)一般正平行投影变换过程

三视图中的每个视图只能反映三维物体中的两个坐标轴方向的实际长度,如果要在一个视图中反映三维物体的 3 个坐标轴方向的实际长度,可先对三维物体绕坐标轴进行旋转变换,再进行投影变换。

例如:对于如图 2-8(a) 所示的三维物体投影示意图,先将物体绕 y 轴旋转 φ 角,如图 2-8(b)所示,再绕 x 轴旋转 θ 角,如图 2-8(c)所示,再作正投影变换,如图 2-8(d)所示,最后对投影后得到的图形进行平移变换,如图 2-8(e)所示。

以上变换用齐次坐标及变换矩阵表示如下:

$$\begin{bmatrix} x' & y' & z' & 1 \end{bmatrix}=\begin{bmatrix} x & y & z & 1 \end{bmatrix}\begin{bmatrix} \cos\varphi & 0 & -\sin\varphi & 0 \\ 0 & 1 & 0 & 0 \\ \sin\varphi & 0 & \cos\varphi & 0 \\ 0 & 0 & 0 & 1 \end{bmatrix}\cdot$$

$$\begin{bmatrix} 1 & 0 & 0 & 0 \\ 0 & \cos\varphi & \sin\varphi & 0 \\ 0 & -\sin\varphi & \cos\varphi & 0 \\ 0 & 0 & 0 & 1 \end{bmatrix}\begin{bmatrix} 1 & 0 & 0 & 0 \\ 0 & 1 & 0 & 0 \\ 0 & 0 & 0 & 0 \\ 0 & 0 & 0 & 1 \end{bmatrix}\begin{bmatrix} 1 & 0 & 0 & 0 \\ 0 & 1 & 0 & 0 \\ 0 & 0 & 0 & 0 \\ d_x & d_y & 0 & 1 \end{bmatrix}$$

$$=\begin{bmatrix} x & y & z & 1 \end{bmatrix}\begin{pmatrix} \cos\varphi & \sin\varphi\sin\theta & 0 & 0 \\ 0 & \cos\theta & 0 & 0 \\ \sin\varphi & -\cos\varphi\sin\theta & 0 & 0 \\ d_x & d_y & 0 & 1 \end{pmatrix} \tag{2-12}$$

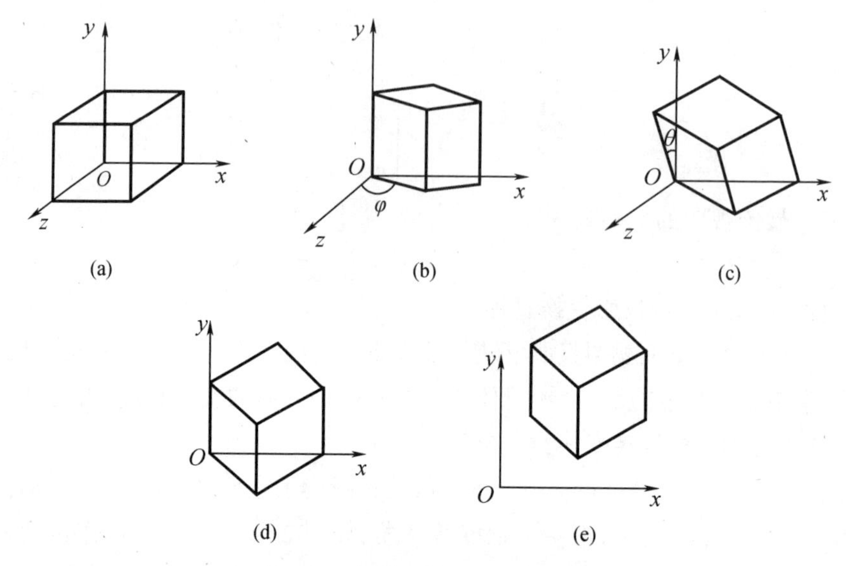

图 2-8　正轴测投影的变换过程

变换式为

$$x' = x\cos\varphi + z\sin\varphi + d_x$$

$$y' = x\sin\varphi\sin\theta + y\cos\theta - z\cos\varphi\sin\theta + d_y$$

$$z' = 0 \qquad (2-13)$$

2.3.2　点云数据的显示

对于存储在链表中的点云数据坐标 x、y、z 值，首先进行几何变换，再进行正平行投影变换，可得到不同效果的投影图。

1. 计算点云数据中点坐标

对点云数据进行几何变换之前，一般要计算点云数据的中点坐标，使点云数据的中点坐标移动到坐标原点，方便进行旋转变换。

①定义存放点云数据中点的个数的全局变量。

```
long PNum=0;
```

②获取链表头指针。

```
PL1=Head;
```

③循环读取链表中的点云数据坐标，计算每个分量坐标之和。

```
while(PL1!=NULL)
{ x0=x0+PL1->X,y0=y0+PL1->Y,z0=z0+PL1->Z;
PNum++;                                    //记录点云数据个数
```

```
PL1=PL1->NextP;
}
```

④计算每个分量坐标平均值。

```
x0=x0/PNum,y0=y0/PNum,z0=z0/PNum;
```

2. 对点云数据进行平移变换并显示

```
PL1=Head;
while(PL1!=NULL)
{ PL1->X-=x0, PL1->Y-=y0, PL1->Z-=z0;              //平移变换
pDC->SetPixel (PL1->X, PL1->Y,RGB(0,0,0));         //显示
PL1=PL1->NextP;
}
```

植物器官三维点云数据正投影并平移后的显示效果图如图 2-9 所示。

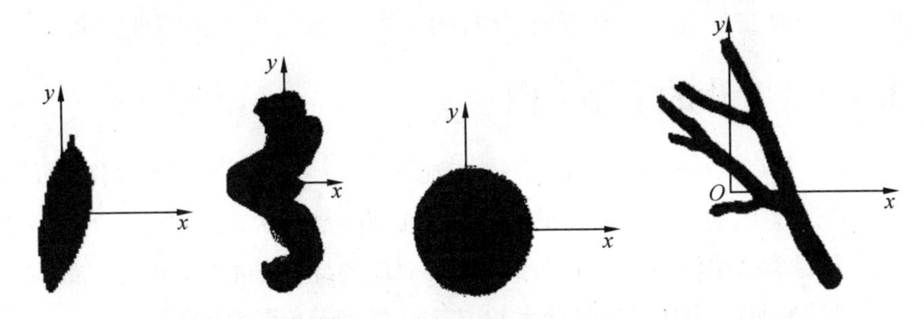

图 2-9　植物器官三维点云数据正投影并平移后的显示效果图

第3章　三维点云数据的特征提取

针对植物器官的点云数据，为了方便后序的植物器官重建，需要先提取其几何特征。

3.1　叶片点云数据的特征提取

叶片的特征主要包括主轴方向、叶片的长度与宽度、叶片的弯曲方向等。

3.1.1　叶片的主轴方向

通过对叶片点云数据进行旋转，获得主轴的方向。如图3-1所示，当初始叶片绕X轴旋转过程中，总会使叶片处于平躺状态或高度最低状态，如图3-1中第一排数据所示，以像素为单位，下同。记录最低高度对应的绕X轴的旋转角度，如图3-1中的第二排数据所示，其中高度最低为12.7，对应的旋转角度为70°。

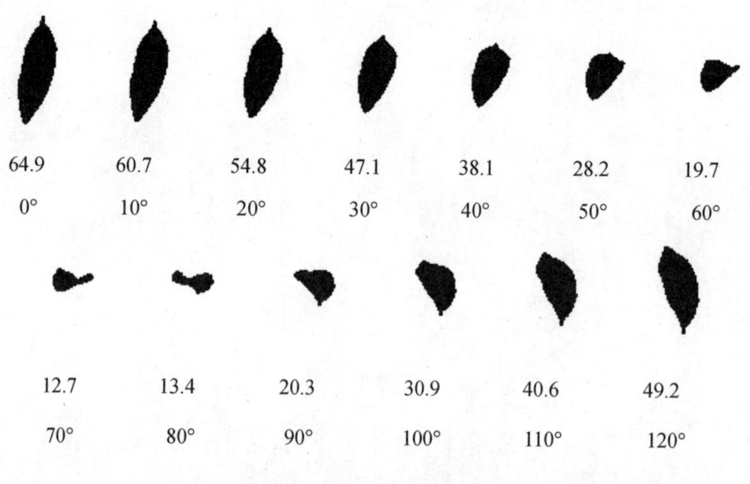

图3-1　叶片点云数据绕X轴旋转过程示意图

算法伪程序如下：

```
void RXmin(CDC *pDC,PointList *Head,int num,int &rx)
{ 变量定义;
  for(int j=0;j<180;j+=10)                    //循环绕 X 轴旋转角度
  {PL1=Head;
    ymin、ymax 赋初值;
    for(int i=0;i<num;i++)                    //遍历点云中所有点
    {  RevolveX(j*PI, PL 1->X, PL 1->Y, PL 1->Z, x, y, z);
                                              //绕 X 轴旋转
      if(y<ymin)ymin=y;                       //保存最小 Y 值
      if(y>ymax)ymax=y;                       //保存最大 Y 值
      PL1=PL1->NextP;
    }
    h=ymax-ymin+1;                            //计算高度 h
    if (h<Ymin)Ymin=h,rx=j;                   //记录最小高度绕 X 轴
                                              //旋转的角度 rx
  }
}
```

将叶片点云数据绕 X 轴旋转 r_x 角度后，叶片主轴处于近似平行于 XOZ 面。再将叶片点云数据绕 Y 轴旋转，在旋转过程中，总会使叶片点云数据的主轴方向平行于 X 轴，也就是宽度最大，如图 3-2 中的第一排数据所示。记录最大宽度对应的绕 Y 轴的旋转角度，如图 3-2 中的第二排数据所示。其中宽度最大为 68. 2，对应的旋转角度为 100°。

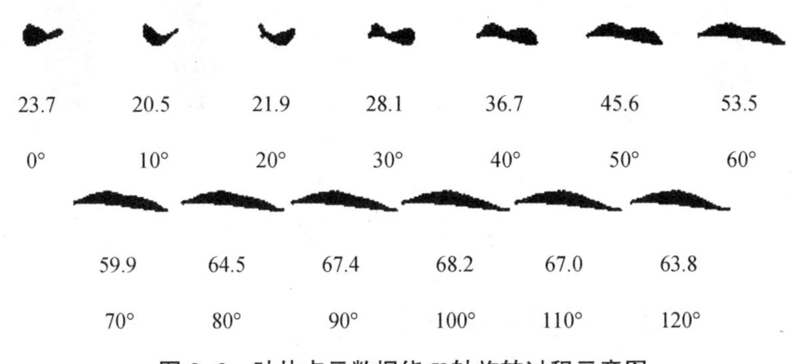

图 3-2　叶片点云数据绕 Y 轴旋转过程示意图

算法伪程序如下：

```
void RYmax(CDC *pDC,PointList *Head,int num,int &ry)
{ 变量定义;
  for(int j=0;j<180;j+=10)                              //循环绕Y轴旋转角度
  { PL1=Head;
    xmin、xmax赋初值;
    for(int i=0;i<num;i++)                              //遍历点云中所有点
    {  RevolveY(j*PI,PL1->X, PL1->Y, PL1->Z, x, y, z);
                                                        //绕Y轴旋转
      if(x<xmin)xmin=x;                                 //保存最小X值
      if(x>xmax)xmax=x;                                 //保存最大X值
      PL1=PL1->NextP;
    }
    w=xmax-xmin+1;                                      //计算高度h
    if (w<Xmax)Xmax=w,ry=j;                             //记录最大宽度绕Y轴
                                                          旋转的角度ry
  }
}
```

根据求出的 r_x 和 r_y，可以将叶片点云数据的主轴旋转到 Y 轴上。对于原始点云数据，如图 3-3(a)所示，先绕 X 轴旋转 r_x 角度，如图 3-3(b)所示，再绕 Y 轴旋转 r_y 角度，如图 3-3(c)所示，然后绕 Y 轴旋转 90°，如图 3-3(d)所示，最后绕 X 轴旋转 90°，如图 3-3(e)所示，使主轴方向朝上。

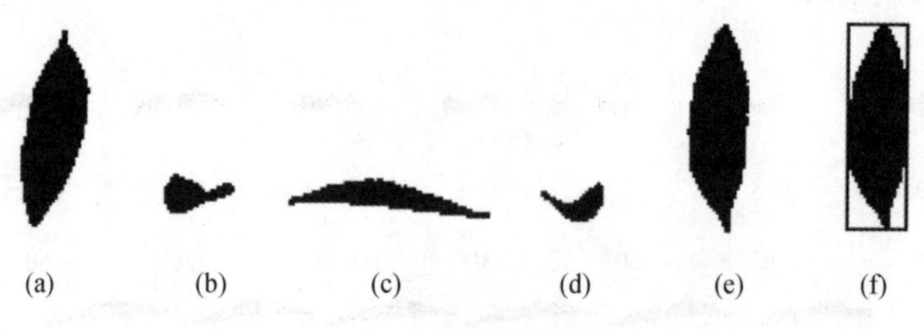

图 3-3　叶片几何特征计算过程示意图

3.1.2　叶片的长度与宽度

如图 3-3(f)所示，这时叶片的最小外接矩形的高就是叶片的高度，绕 Y 轴旋转最小外接矩形的最大宽就是叶片的宽度，高为 64，宽为 20。

算法伪程序如下：

```
RXmin(pDC,Head,PNum,rx);                    //计算叶片绕 X 轴旋转角度
PL1=Head;
for(int i=0;i<PNum;i++)                     //循环点云
  {RevolveX(rx*PI,PL1->X,PL1->Y,PL1->Z,x,y,z);
                                            //绕 X 轴旋转
  PL1->X=x,PL1->Y=y,PL1->Z=z;               //修改点云坐标
  PL1=PL1->NextP;
  }
  RYmax(pDC,Head,PNum,ry);                  //计算叶片绕 Y 轴旋转角度
  PL1=Head;
  for(i=0;i<PNum;i++)                       //循环点云
  {RevolveY((ry+90)*PI,PL1->X,PL1->Y,PL1->Z,x,y,z);
                                            //绕 Y 轴旋转使叶片主轴指向 Z 轴
  RevolveX((90)*PI,x,y,z,PL1->X,PL1->Y,PL1->Z);
                                            //绕 X 轴旋转使叶片主轴指向 Y 轴
  PL1=PL1->NextP;
  }
RYmax(pDC,Head,pNum,ry);                    //计算绕 Y 旋转最大宽度的角度 ry
PL1 =Head;
for(i = 0;i<PNum;i++)                       //循环点云
{RevolveY(ry*PI,PL1->X,PL1->Y,PL1->Z,x,y,z);
                                            //点云绕 Y 轴旋转角度 ry
                                            //计算叶片点云正投影最小外接矩
                                            //形 r
  W=r.right-r.left;                         //计算叶片宽度
  H=r.bottom-r.top;                         //计算叶片高度
```

3.1.3　叶片的弯曲方向

从图 3-3(d)中可以看出，叶片有一定弯度，为了后序坐标变换更精确，需要判定弯曲的方向，将弯曲方向朝向 Y 轴。如图 3-4(a)所示，当叶片弯曲朝上时，最小外接矩形的底部 x 值在中心附近；如图 3-4(b)所示，当叶片弯曲朝下时，最小外接矩形的顶部 x 值在中心附近。

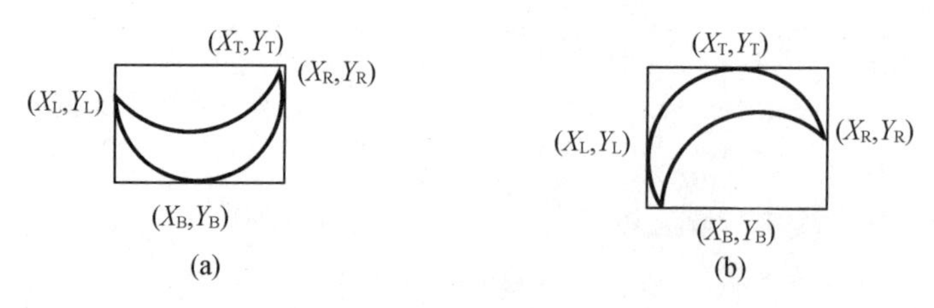

图 3-4　叶片弯曲方向示意图

图 3-5 为实际叶片的弯曲图形及最小外接矩形的四个点的坐标。从四个点的坐标可以看出，$|X_B-(X_R-X_L)/2|<|X_T-(X_R-X_L)/2|$，所以叶片弯曲朝上。

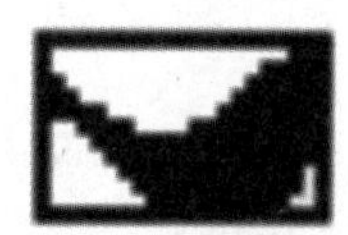

图 3-5　叶片弯曲方向示意图

3.2　花朵点云数据的特征提取

花朵的特征主要包括主轴方向、花朵的高度与最大直径、花瓣个数等。

3.2.1　花朵的主轴方向

通过对花朵点云数据进行旋转，获得主轴相对原始位置的方向。

1. 绕 Y 轴旋转

调用前面定义的函数：

```
void RYmax(CDC *pDC,PointList *Head,int num,int &ry)
```

可以得到主轴的纬度 r_y。如图 3-6 所示，在初始花朵绕 Y 轴旋转过程中，会出现花朵的最大宽度位置状态，宽度最大为 65.4，如图 3-6 中第一排数据所示，记录最大宽度对应的绕 Y 轴的旋转角度 90°，就是主轴的纬度。

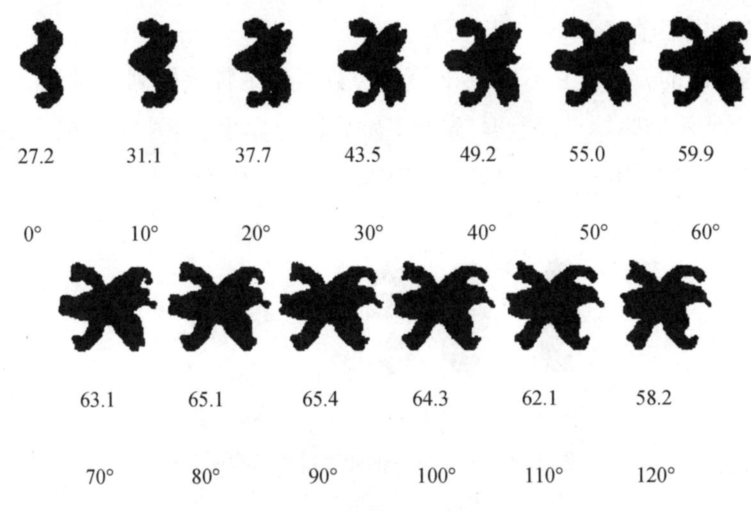

图 3-6　花朵点云数据绕 *Y* 轴旋转过程示意图

2. 绕 X 轴旋转

将花朵点云数据绕 Y 轴旋转 r_y 角度后，再将花朵点云数据绕 X 轴旋转，调用前面定义的函数：

```
void RXmin(CDC *pDC,PointList *Head,int num,int &rx)
```

在旋转过程中，总会使花朵点云数据的主轴方向平行 Y 轴，也就是高度最小，图 3-7 中高度最小为 27.2，对应的旋转角度为 90°，这就是主轴的经度 r_x。

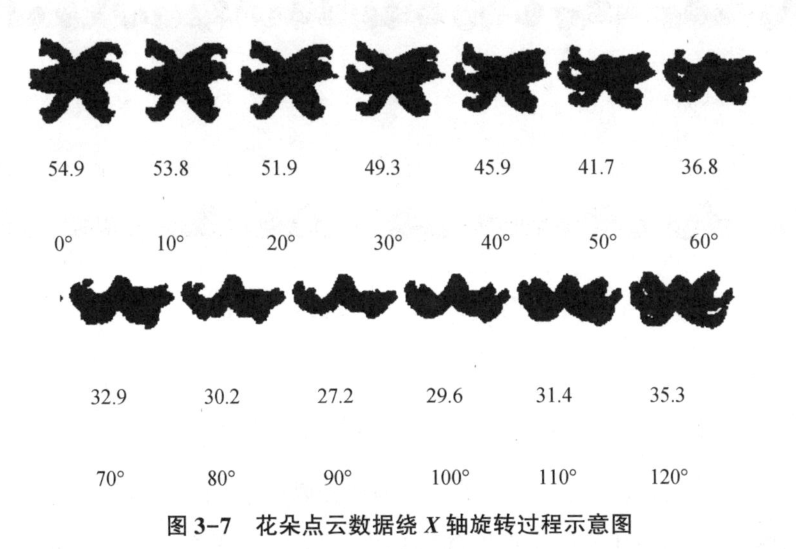

图 3-7　花朵点云数据绕 *X* 轴旋转过程示意图

3. 花朵中心轴

根据求出的 r_x 和 r_y，可以将花朵点云数据的主轴旋转到 Y 轴上。对于如图 3-8(a)所示的原始点云数据,先绕 Y 轴旋转 r_y 角度,如图 3-8(b)所示,再绕 X 轴旋转 r_x 角度,如图 3-8(c)所示,使中心轴朝向垂直方向。

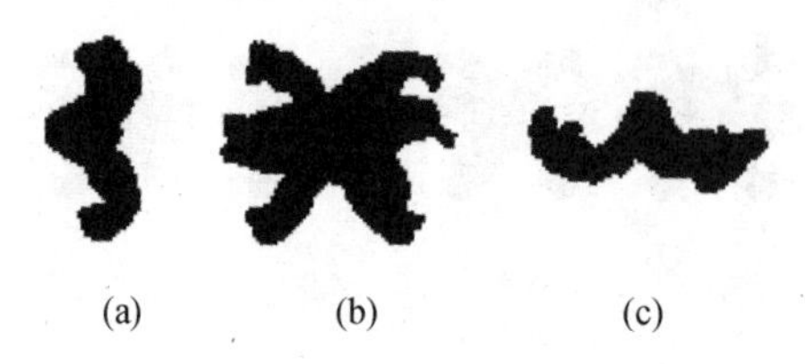

图 3-8 花朵中心轴计算过程示意图

3.2.2 花朵的高度与最大直径

从图 3-8(c)可以得出花朵的横向宽度,但花朵在 360°方向并不是同样的直径,需要寻找最大直径。从图 3-8(c)所示的位置开始,绕 Y 轴旋转总会得到最大直径的位置,由图 3-9 可以看出,宽度最大为 69.4(也就是花朵的最大直径),对应的旋转角度为 50°。

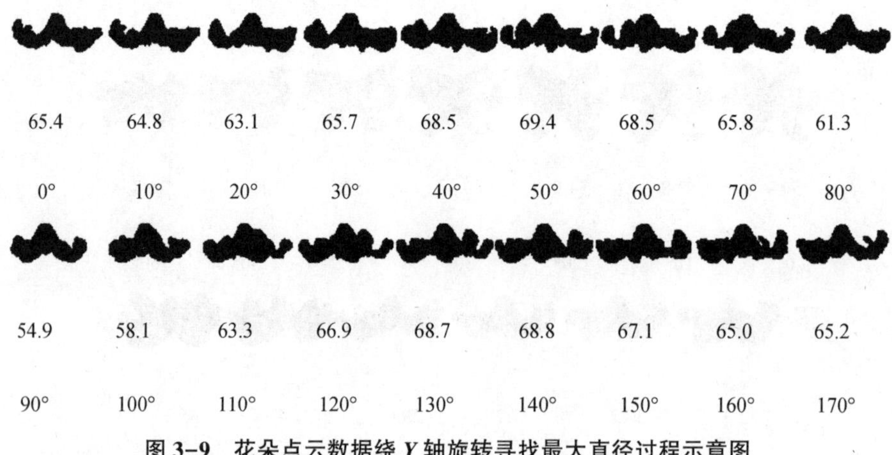

图 3-9 花朵点云数据绕 Y 轴旋转寻找最大直径过程示意图

图 3-10(a)为花朵最大直径对应的侧视投影图,其最小外接矩形的宽就是花朵的最大直径,最小外接矩形的高就是花朵的高度,如图 3-10(b)所示。

(a)

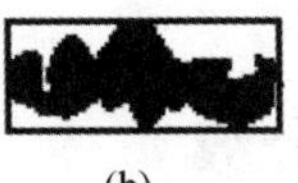
(b)

图 3-10 花朵的高度与最大直径示意图

花朵的高度与最大直径关键程序如下：

```
RYmax(pDC,Head,PNum,ry);                        //计算花朵绕 Y 轴旋转角度
PL1=Head;
for(int i=0;i<PNum;i++)                         //循环点云
  {RevolveY(ry*PI,PL1->X,PL1->Y,PL1->Z,x,y,z);
                                                //绕 Y 轴旋转
   PL1->X=x,PL1->Y=y,PL1->Z=z;                  //修改点云坐标
   PL1=PL1->NextP;
  }
RXmin(pDC,Head,PNum,ry);                        //计算花朵绕 X 轴旋转角度
PL1=Head;
for(i=0;i<PNum;i++)                             //循环点云
  {RevolveX((rx*PI,PL1->X,PL1->Y,PL1->Z,x,y,z);
                                                //绕 X 轴旋转使花朵中心轴
                                                //指向 Y 轴
   PL1->X=x,PL1->Y=y,PL1->Z=z;                  //修改点云坐标
   PL1=PL1->NextP;
  }
RYmax(pDC,Head,PNum,ry);                        //计算花朵绕 Y 轴旋转角度
PL1=Head;
for(int i=0;i<PNum;i++)                         //循环点云
  {RevolveY(ry*PI,PL1->X,PL1->Y,PL1->Z,x,y,z);
                                                //绕 Y 轴旋转 rY
   if(PL1->X>r.right)r.right=PL1->X;
   else if(PL1->X<r.left)r.left=PL1->X;
   if(PL1->Y>r.bottom)r.bottom=PL1->Y;
   else if(PL1->Y<r.top)r.top=PL1->Y;           //计算最小外接矩形
   PL1=PL1->NextP;
  }
W=r.right-r.left;                               //计算花朵最大直径
```

```
H=r.bottom-r.top;                                //计算花朵高度
```

3.2.3 花瓣个数

将图 3-8(c)所示的花朵绕 X 轴旋转 90°,可得到花朵的俯视投影图,如图 3-11(a)所示,从中可以看出花瓣的个数,由于坐标原点在花朵中心,根据点云数据每个角度的最大半径轨迹,可以得出花瓣的个数。

为了计算点云数据在 XOY 平面投影后的角度,使用如下转换公式:

$$\theta=\arctan\left(\frac{y}{x}\right)\quad y>0,x>0 \tag{3-1}$$

$$\theta=-\arctan\left(-\frac{y}{x}\right)\quad y>0,x\leqslant 0 \tag{3-2}$$

$$\theta=2-\arctan\left(-\frac{y}{x}\right)\quad y\leqslant 0,x>0 \tag{3-3}$$

$$\theta=+\arctan\left(\frac{y}{x}\right)\quad y>0,x\leqslant 0 \tag{3-4}$$

函数设计程序如下:

```
void XyToCircle(float x,float y,int &wd,float &ra)
{  float b;
if(y>0){if (x>0)b=atan(y/x);
         else b=3.14-atan(-y/x);
      }
else{if (x>0)b=6.28-atan(-y/x);
       else b=3.14+atan(y/x);
    }
 wd=b*180/3.14+0.5;                              //计算角度
 ra=sqrt(x*x+y*y);                               //计算半径
}
```

取角度间隔为 1°,当多个点落在同一角度时,取半径最大的点。图 3-11(b)所示为每隔 1°时的最大半径的点与原点的连线图,从图中可以看出,半径的大小变换可以反映花瓣的个数。图 3-11(c)是角度(横坐标)与最大半径(纵坐标)的关系图,可以看出,有 6 个明显的极小值,则对应有 6 个花瓣。

获取花瓣点云最大半径关键程序如下:

```
PL1=Head;
for(i=0;i<PNum;i++)
```

```
{ RevolveX(90 * PI,PL1->X,PL1->Y,PL1->Z,x,y,z);
                                              //花朵的俯视投影
  PL1->X=x,PL1->Y=y,PL1->Z=z;
  XyzToCircle(x,y,z,d, r)                     //计算角度半径
  if(r>R[d])R[d]=r,XX[d]=PL1->X,YY[d]=PL1->Y;
                                              //计算最大半径及对应的坐标
  PL1=PL1->NextP;
}
```

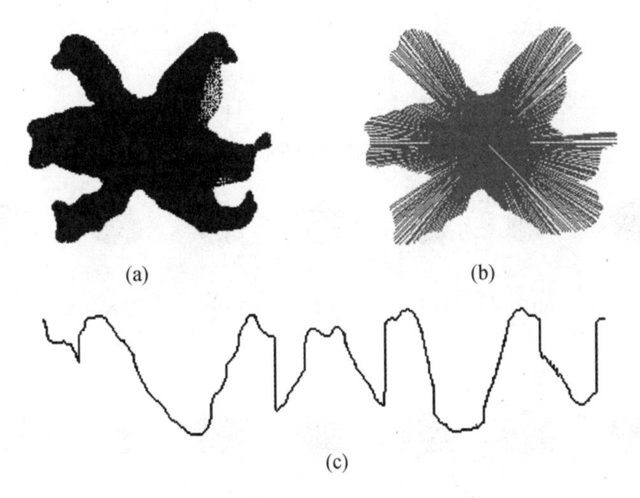

图 3-11　花朵中花瓣个数的统计示意图

3.3　果实点云数据的特征提取

果实的特征主要包括果实的长扁形、果实的中心轴方向、果实的高度与最大直径等。

3.3.1　果实的长扁形

如图 3-12 所示，对于扁球体蜜橘点云数据，在初始蜜橘点云数据绕 Y 轴旋转过程中，会得到宽度最小与最大的两个状态。

如图 3-13 所示，对于长球体柠檬点云数据，在初始柠檬点云数据绕 Y 轴旋转过程中，也会得到宽度最小与最大的两个状态。

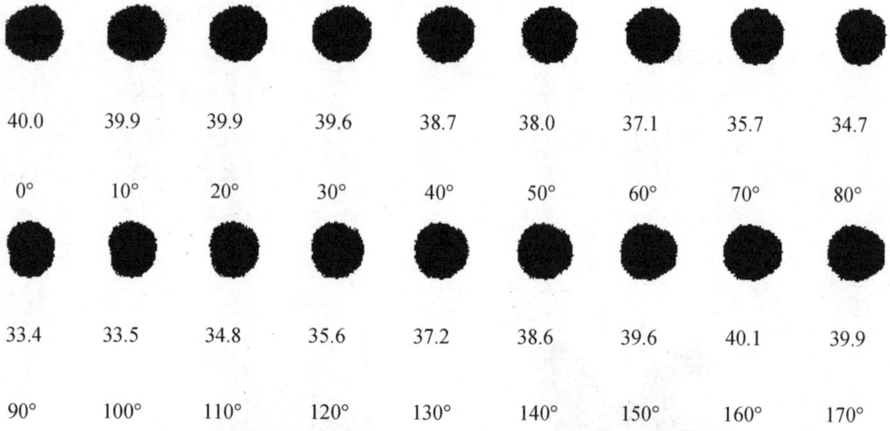

40.0　39.9　39.9　39.6　38.7　38.0　37.1　35.7　34.7

0°　10°　20°　30°　40°　50°　60°　70°　80°

33.4　33.5　34.8　35.6　37.2　38.6　39.6　40.1　39.9

90°　100°　110°　120°　130°　140°　150°　160°　170°

图 3-12　蜜橘点云数据绕 *Y* 轴旋转过程示意图

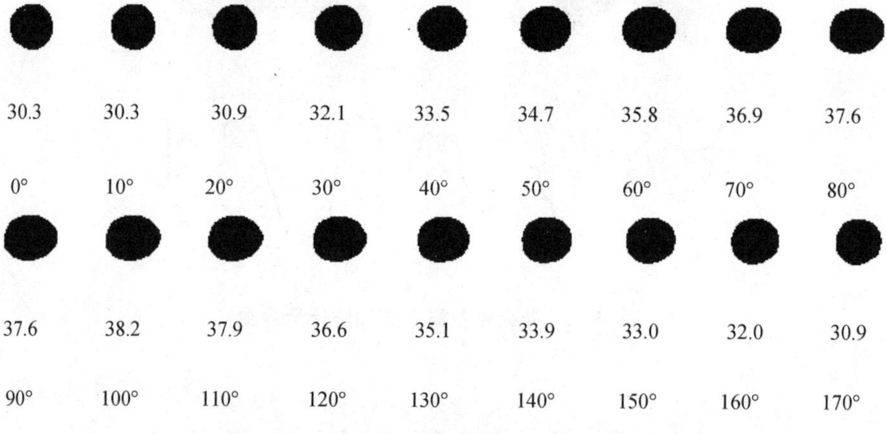

30.3　30.3　30.9　32.1　33.5　34.7　35.8　36.9　37.6

0°　10°　20°　30°　40°　50°　60°　70°　80°

37.6　38.2　37.9　36.6　35.1　33.9　33.0　32.0　30.9

90°　100°　110°　120°　130°　140°　150°　160°　170°

图 3-13　柠檬点云数据绕 *Y* 轴旋转过程示意图

计算宽度最小与最大函数设计程序如下：

```
void RYmaxmin(CDC * pDC,PointList * Head,int num,int &ry1,int &ry2)
{CString s; float Xmin=10000,Xmax=-10000,w;
  for(int j=0;j<18;j++)
  {  PL1=Head;xmin[j]=10000,xmax[j]=-10000;
     for(int i=0;i<num;i++)
     { RevolveY(j * 10 * PI,PL1->X, PL1->Y, PL1->Z, x, y, z);
                                                //点云绕 Y 轴旋转
      if(x<xmin[j])xmin[j]=x;                   //计算点云投影的左边界
      if(x>xmax[j])xmax[j]=x;                   //计算点云投影的右边界
```

```
        PL1=PL1->NextP;
      }
      w=xmax[j]-xmin[j]+1;                    //计算点云投影的宽度
      if (w<Xmin)Xmin=w,ry1=j*10;             //计算最小宽度
      if (w>Xmax)Xmax=w,ry2=j*10;             //计算最大宽度
    }
  }
```

图 3-14(a)所示为扁球体蜜橘点云数据的最小与最大宽度对应的投影图，图 3-14(b)所示为长球体柠檬点云数据的最小与最大宽度对应的投影图。可以看出扁球体与长球体的特点不同。

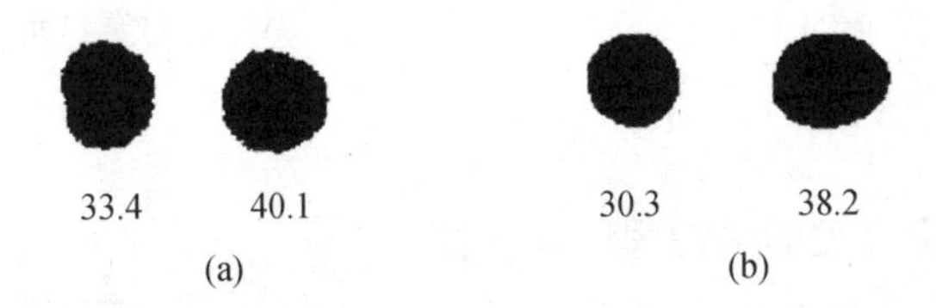

图 3-14　蜜橘与柠檬点云数据绕 *Y* 轴旋转过程示意图

设投影图的最小包围圆如图 3-14 所示，其中半径 r_{max} 是点云数据(x'_{gw}，y'_{gw})与中心点(x_0，y_0)之间的最大距离，其计算公式为

$$r_{max}=\max_{m}\{\sqrt{(x'_{gw}-x_0)^2+(y'_{gw}-y_0)^2}\}$$

点云数据与圆形的差异程度为

$$s=\frac{1}{m}\sum_{m}\left|r_{max}-\sqrt{(x'_{gw}-x_0)^2+(y'_{gw}-y_0)^2}\right|$$

由图 3-15 可以看出，扁球体的最小宽度和长球体最大宽度的圆形差异程度最大，因此可以根据此特点判断果实的长扁类型。

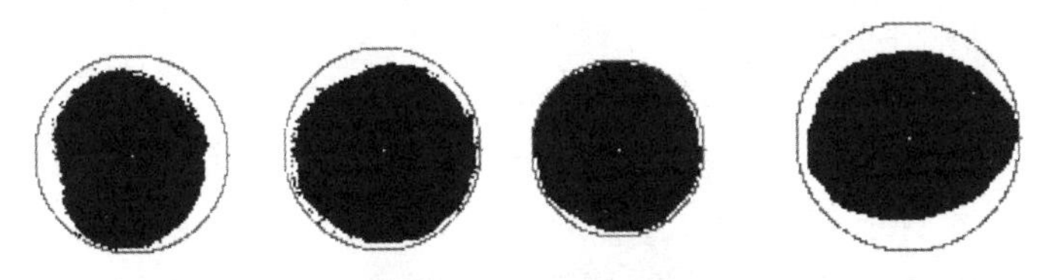

图 3-15　圆形差异程度

投影点云数据与圆形的差异程度函数设计程序如下：

```
float CircleCharac(PointList *Head,int num,float &rmax)
```

```
{  float b,R[360]={0},ra,C=0;int wd;
   rmax=0;
   PointList *PL1=Head;
   for(int i=0;i<num;i++)
    {XyzToCircle(PL1->X,PL1->Y,PL1->Z,wd,ra);
                                                  //直角坐标转为角度半径
    if(ra>R[wd])R[wd]=ra;                         //计算相同角度的最大半径
    if(ra>rmax)rmax=ra;                           //计算最大半径
    PL1=PL1->NextP;
    }
   for(i=0;i<360;i++)
    C=C+(rmax-R[i]);                              //计算圆形的差异程度
   return(C/num);
}
```

判断果实长扁类型的关键程序如下：

```
RYmaxmin(pDC,Head,PNum,ry1,ry2);                 //计算最小与最大宽度对应的
                                                 //旋转角度
PL1=Head;
for(int i=0;i<PNum;i++)
  {RevolveY(ry1*PI,PL1->X,PL1->Y,PL1->Z,x,y,z);
                                                 //旋转到最小宽度位置
  PL1->X=x,PL1->Y=y,PL1->Z=z;
  PL1=PL1->NextP;
  }
c1=CircleCharac(Head,PNum,rmax);                 //计算最小宽度位置对应的圆
                                                 //形差异程度
PL1=Head;
for(i=0;i<PNum;i++)
  {RevolveY((ry2-ry1)*PI,PL1->X,PL1->Y,PL1->Z,x,y,z);
                                                 //旋转到最大宽度位置
  PL1->X=x,PL1->Y=y,PL1->Z=z;
  pDC->SetPixel(PL1->X+dx+300,PL1->Y+dy,RGB(0,0,0));
  PL1=PL1->NextP;
  }
c2=CircleCharac(Head,PNum,rmax);                 //计算最大宽度位置对应的圆
```

```
                                                  //形差异程度
if(c1>c2)MessageBox("扁形");
else MessageBox("长形");
```

3.3.2　果实的中心轴方向

1. 扁形果实的中心轴

扁形蜜橘果实的中心轴计算过程类似花朵的中心轴计算。调用前面定义的函数:

```
void RYmax(CDC *pDC,PointList *Head,int num,int &ry)
```

绕 Y 轴旋转可以得到主轴的纬度 r_y。如图 3-12 所示,记录最大宽度 40.1 对应的绕 Y 轴的旋转角度为 160°,这就是中心轴的纬度。

将蜜橘果实点云数据绕 Y 轴旋转 r_y 角度后,再调用前面定义的函数:

```
void RXmin(CDC *pDC,PointList *Head,int num,int &rx)
```

将蜜橘果实点云数据绕 X 轴旋转,使蜜橘果实点云数据的主轴方向平行于 Y 轴,也就是高度最小,如图 3-16 所示,高度最小为 32.9,对应的旋转角度为 80°,就是中心轴的经度 r_x。

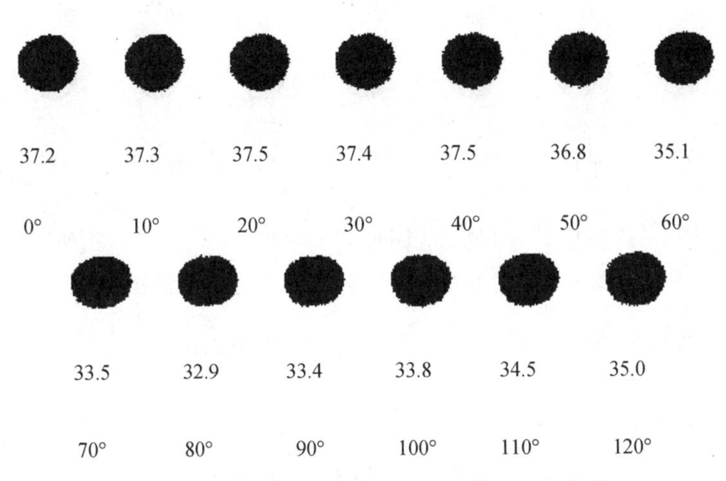

图 3-16　蜜橘点云数据绕 X 轴旋转过程示意图

根据求出的 r_x 和 r_y, 可以将蜜橘点云数据的主轴旋转到 Y 轴上。对于如图 3-17(a)所示的原始点云数据,先绕 Y 轴旋转 r_y 角度,如图 3-17(b)所示,再绕 X 轴旋转 r_x 角度,如图 3-17(c)所示,使中心轴朝向垂直方向。

图 3-17　蜜橘中心轴计算过程

2. 长形果实的中心轴

长形柠檬果实的中心轴计算过程类似叶片的中心轴计算。

调用前面定义的函数：

```
void RXmin(CDC *pDC,PointList *Head,int num,int &rx)
```

绕 X 轴旋转可以得到主轴的经度 r_x。如图 3-18 所示，记录最小高度 30.1 对应的绕 X 轴的旋转角度为 170°，就是中心轴的经度。

30.3	30.8	31.7	33.0	34.3	35.7	37.2	38.0	38.1
0°	10°	20°	30°	40°	50°	60°	70°	80°
37.6	37.2	36.1	35.4	34.3	33.1	32.0	30.6	30.1
90°	100°	110°	120°	130°	140°	150°	160°	170°

图 3-18　柠檬点云数据绕 X 轴旋转过程示意图

将柠檬点云数据绕 X 轴旋转 r_x 角度后，再调用前面定义的函数：

```
void RYmax(CDC *pDC,PointList *Head,int num,int &ry)
```

将柠檬果实点云数据绕 Y 轴旋转，使柠檬果实点云的主轴方向平行 X 轴，也就是宽度最大，如图 3-19 所示，宽度最大为 38.4，对应的旋转角度为 80°，这是中心轴的纬度 r_y。

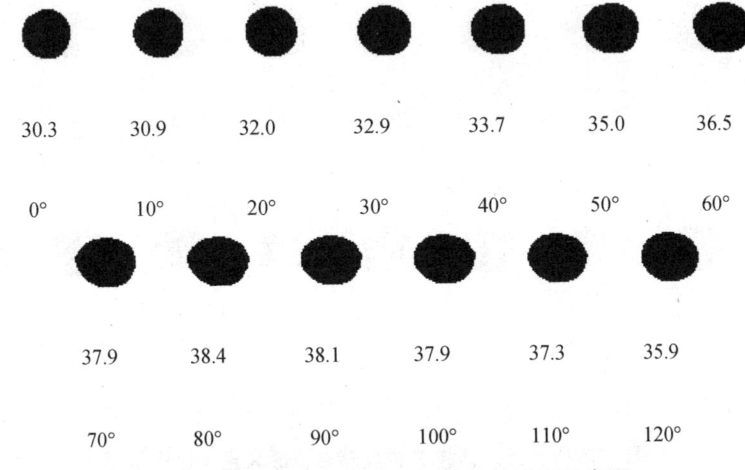

图 3-19　柠檬点云数据绕 *Y* 轴旋转过程示意图

根据求出的 r_x 和 r_y，可以将柠檬点云数据的主轴旋转到 *Y* 轴上。对于如图 3-20(a)所示的原始点云数据先绕 *X* 轴旋转 r_x 角度，如图 3-20(b)所示，再绕 *Y* 轴旋转 r_y 角度，如图 3-20(c)所示，最后绕 *Z* 轴旋转 90°，如图 3-19(d)所示，使主轴方向朝上。

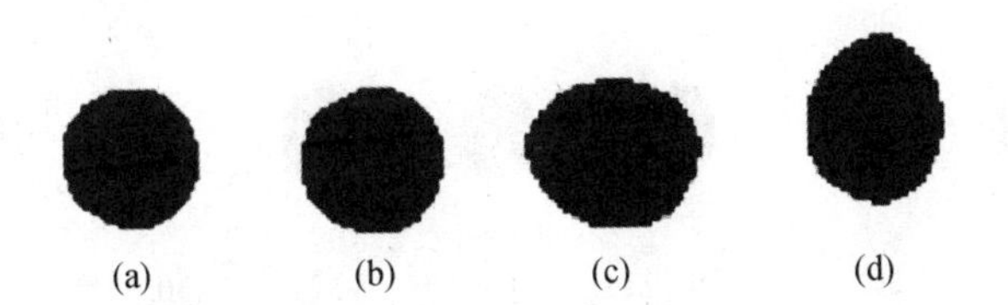

图 3-20　柠檬点云数据中心轴计算过程示意图

3.3.3　果实的高度与最大直径

对于蜜橘果实，从图 3-17(c)所示的位置开始，绕 *Y* 轴旋转寻找最大直径的位置，如图 3-21 所示的宽度最大为 40.9(也就是果实的最大直径)，对应的旋转角度为 160°。

对于柠檬果实，从图 3-20(c)所示的位置开始，绕 *Y* 轴旋转寻找最大直径的位置，如图 3-22 所示的宽度最大为 30.6，对应的旋转角度为 120°。

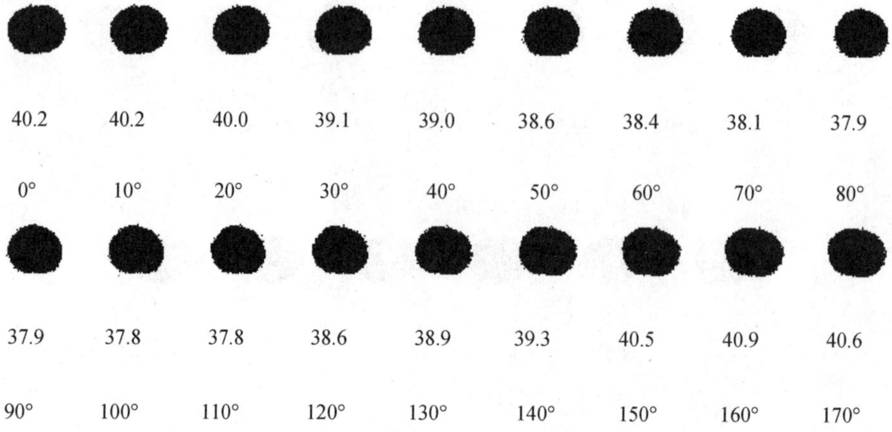

40.2 40.2 40.0 39.1 39.0 38.6 38.4 38.1 37.9

0° 10° 20° 30° 40° 50° 60° 70° 80°

37.9 37.8 37.8 38.6 38.9 39.3 40.5 40.9 40.6

90° 100° 110° 120° 130° 140° 150° 160° 170°

图 3-21　蜜橘点云数据绕 *Y* 轴旋转寻找最大直径过程示意图

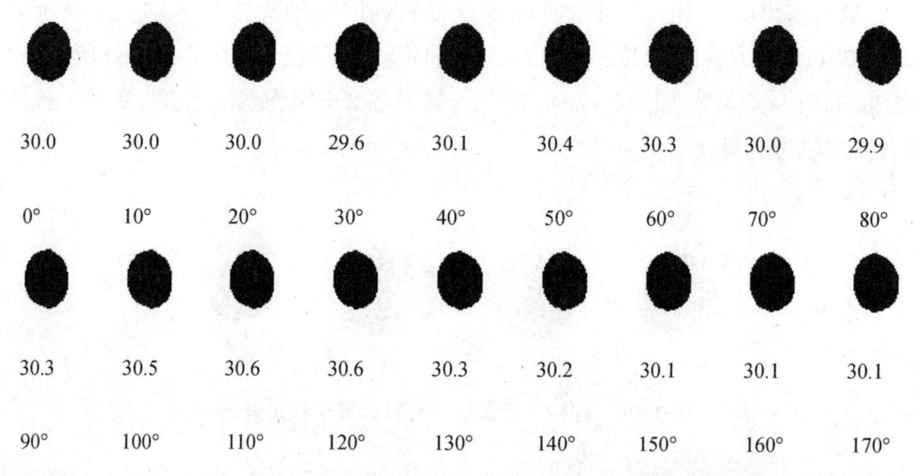

图 3-22　柠檬点云数据绕 *Y* 轴旋转寻找最大直径过程示意图

图 3-23(a)所示为果实最大直径对应的侧视投影图,其最小外接矩形的宽就是果实的最大直径,最小外接矩形的高就是果实的高度,如图 3-23(b)所示。

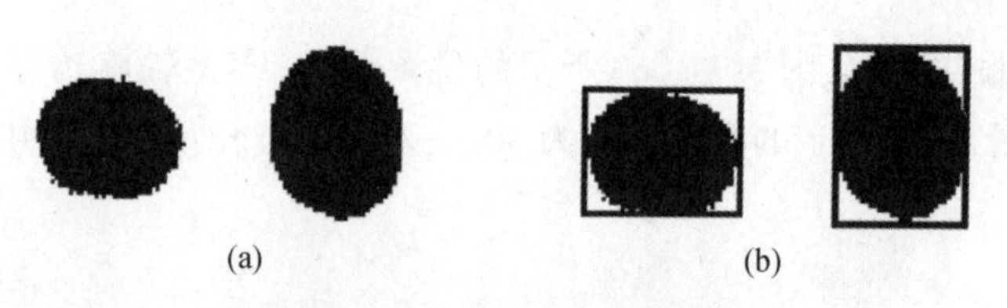

图 3-23　果实的高度与最大直径

3.4　枝干点云数据的特征提取

枝干的特征主要包括枝干的主轴方向、枝干的高度及横向范围等。

3.4.1　枝干的主轴方向

枝干点云数据如图3-24所示，当初始枝干点云数据绕 X 轴旋转时，会得到高度最小的状态。如图3-24所示，高度最小为17.2，旋转角度为130°，就是枝干的主轴的经度 r_x。

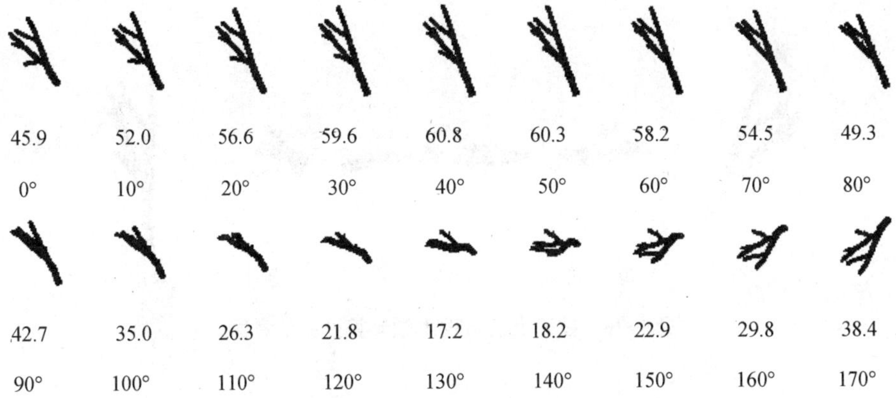

45.9　52.0　56.6　59.6　60.8　60.3　58.2　54.5　49.3

0°　10°　20°　30°　40°　50°　60°　70°　80°

42.7　35.0　26.3　21.8　17.2　18.2　22.9　29.8　38.4

90°　100°　110°　120°　130°　140°　150°　160°　170°

图3-24　枝干点云数据绕 X 轴旋转过程示意图

如图3-25所示，当枝干点云数据绕 X 轴旋转 r_x 后，枝干点云数据再绕 Y 轴旋转过程中，会得到宽度最大的状态。如图3-25所示，宽度最大为63.4，旋转角度为70°，就是枝干的主轴的纬度 r_y。

根据求出的 r_x 和 r_y，可以将枝干点云数据（图3-26(a)）先绕 X 轴旋转 r_x 角度（图3-26(b)），再绕 Y 轴旋转 r_y 角度（图3-26(c)），然后绕 Y 轴旋转90°（图3-26(d)），最后绕 X 轴旋转90°（图3-26(e)），使主轴方向朝上。

3.4.2　枝干的高度及横向范围

图3-26(e)所示的高度就是枝干的高度。为了计算枝干的最大横向范围，需要将图3-26(e)所示枝干点云数据绕 Y 轴（主轴方向）旋转，如图3-27所示，

枝干的最大横向范围为 20.7，绕 Y 旋转 130°。

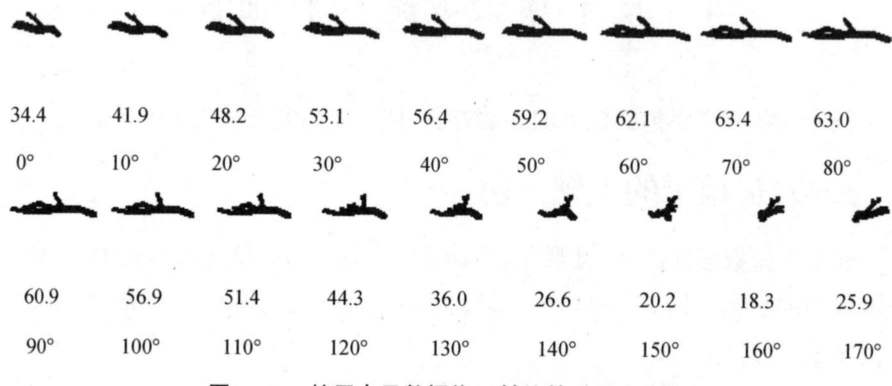

图 3-25　枝干点云数据绕 *Y* 轴旋转过程示意图

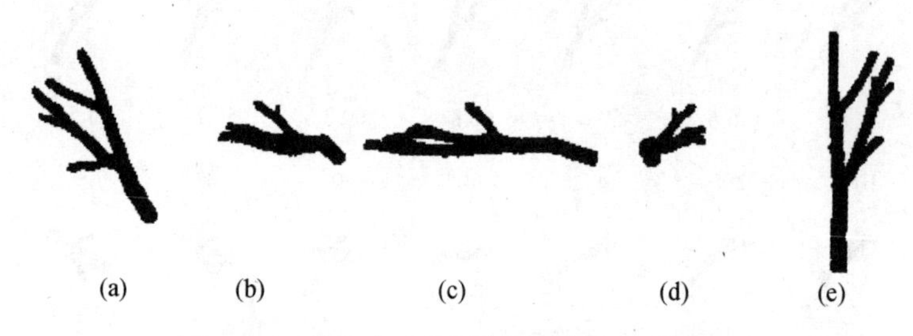

图 3-26　枝干点云数据主轴计算过程示意图

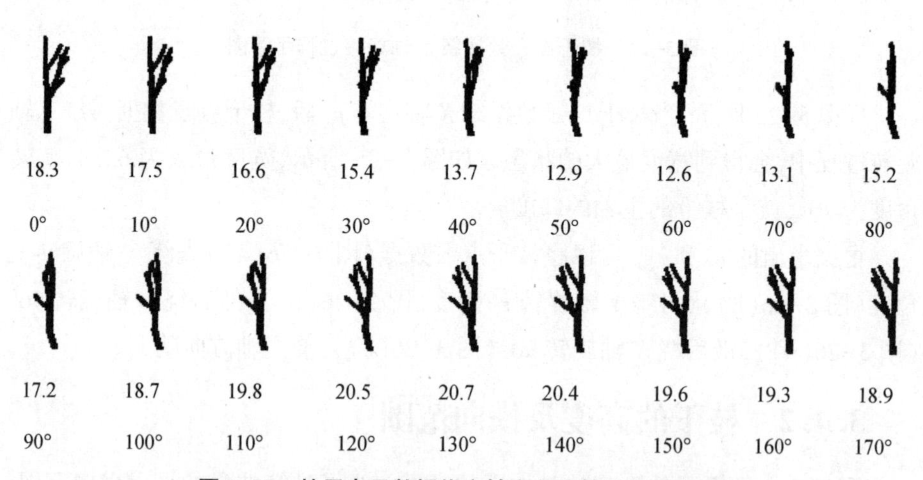

图 3-27　枝干点云数据绕主轴方向旋转过程示意图

第 4 章　三维点云数据的坐标变换

三维点云数据坐标一般都是直角坐标,且点云的存储没有固定的规律,为了快速寻找点与点的邻接关系,本书均采用坐标变换方法,将直角坐标转换为圆柱坐标或球坐标,相当于把无序直角坐标点云数据变换为有序的网格化点云数据,有助于迅速找出点与点之间的拓扑关系,有利于植物器官重建。

4.1　坐标变换方法

本章主要采用两种坐标变换方式,一种是球坐标变换,另一种是圆柱坐标变换。

4.1.1　直角坐标转换为球坐标

在直角坐标系中,设 P 点的直角坐标为(x,y,z),可以用(θ,φ,r)表示,称为该点的球坐标,如图 4-1 所示。θ 表示该点的位置向量与 Y 轴的夹角,范围从 0°到 180°,这里称为经度;φ 表示该点的位置向量在 XOZ 平面上的投影与 X 轴的夹角,范围从 0°到 360°,这里称为纬度;r 表示该点到原点的距离,也称为半径。

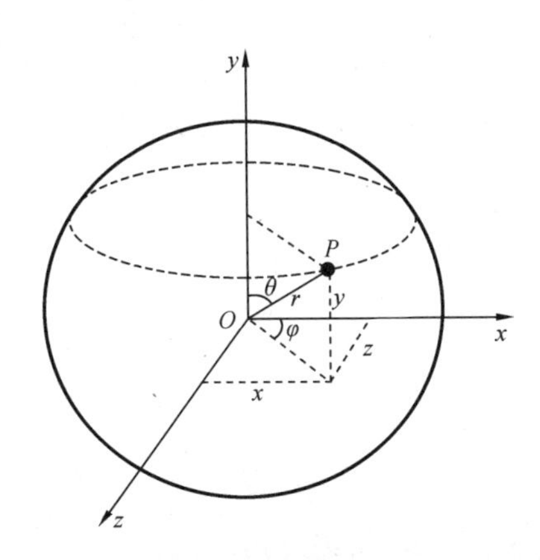

图 4-1　直角坐标转换为球坐标示意图

在直角坐标转换为球坐标的过程中，为了方便程序设计，采用如下转换公式：

$$\begin{cases} \theta = \dfrac{\pi}{2} - \arctan\left(\dfrac{y}{\sqrt{x^2+z^2}}\right) & y>0 \\ \theta = \dfrac{\pi}{2} + \arctan\left(\dfrac{y}{\sqrt{x^2+z^2}}\right) & y \leqslant 0 \end{cases}$$

$$\begin{cases} \varphi = \arctan\left(\dfrac{z}{x}\right) & x>0, z \geqslant 0 \\ \varphi = \pi - \arctan\left(\dfrac{z}{|x|}\right) & x<0, z \geqslant 0 \\ \varphi = \pi + \arctan\left(\dfrac{z}{x}\right) & x<0, z \leqslant 0 \\ \varphi = 2\pi - \arctan\left(\dfrac{|z|}{x}\right) & x>0, z \leqslant 0 \end{cases} \tag{4-1}$$

$$r = \sqrt{x^2+y^2+z^2}$$

其中经度 $\theta \in [0°, 180°]$，纬度 $\varphi \in [0°, 360°]$，经度和纬度增量是根据植物器官果实大小而定，一般设置为 1°。

直角坐标转为球坐标的函数设计如下：

```
void XyzToSphere(float x, float y, float z, float &g, float &w, float &r)
{
    float a,b;
    a=atan(fabs(y)/sqrt(x*x+z*z));
    if(y>0) a=1.57-a;
    else  a=1.57+a;
    if(z>0)
      {if(x>0)b=atan(z/x);
      else b=3.14-atan(-z/x);
      }
    else
      {if(x>0)b=6.28-atan(-z/x);
      else b=3.14+atan(z/x);
      }
```

```
g=a*180/3.14+0.5;                          //计算经度
w=b*180/3.14+0.5;                          //计算经度
r=sqrt(x*x+z*z+y*y);                       //计算点的半径
}
```

4.1.2　直角坐标转换为圆柱坐标

P 点的直角坐标(x,y,z)也可用(h,φ,r)表示，称为该点的圆柱坐标，如图 4-2 所示。h 表示该点到 XOZ 平面上的距离，也称为高度，是直角坐标的 y 值；φ 表示该点的位置向量在 XOZ 平面上的投影与 X 轴的夹角，范围从 0°到 360°，这里称为角度；r 表示该点在 XOZ 平面上的投影到原点的距离，也称为圆柱半径。

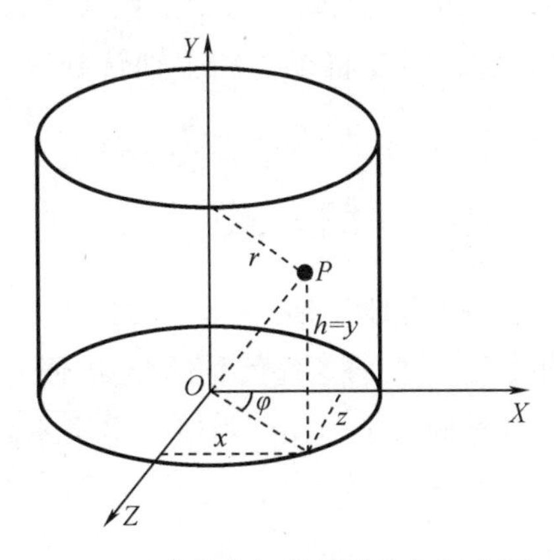

图 4-2　直角坐标转圆柱坐标示意图

直角坐标换转为圆柱坐标的转换公式如下：

$$
\begin{cases}
\varphi=\arctan\left(\dfrac{z}{x}\right) & x>0,z\geqslant 0\\
\varphi=\pi-\arctan\left(\dfrac{z}{|x|}\right) & x<0,z\geqslant 0\\
\varphi=\pi+\arctan\left(\dfrac{z}{x}\right) & x<0,z\leqslant 0\\
\varphi=2\pi-\arctan\left(\dfrac{|z|}{x}\right) & x>0,z\leqslant 0
\end{cases}
\tag{4-2}
$$

$$h=y$$

$$r=\sqrt{x^2+z^2}$$

其中圆柱坐标的角度 $\varphi \in [0°,360°]$，角度 φ 增量只根据植物器官果实大小而定，一般设置为1°。

直角坐标转换为圆柱坐标的函数引用第3章已定义的函数：

```
void XyToCircle(float x,float y,int &wd,float &ra)
```

这里的 y 就是式(4-2)中的 z。

4.2 果实点云数据的坐标变换

由于大多数植物果实形状近似于球形或椭球形，所以对于果实点云数据，可以将直角坐标转换为球坐标，快速确定点云中点与点之间的相互关系。在将直角坐标转换为球坐标之前，需要将果实的主轴转到垂直方向，也就是在第3章的基础上进行转换。

4.2.1 球坐标值的存储方式

将直角坐标 (x,y,z) 转换为球坐标 (θ,φ,r) 之后，可能存在径向半径 r 与 (θ,φ) 的值是一对多的关系，需要将这些信息保存，以便后续处理。

本书采用邻接链表存储同一个经纬度对应的多个不同半径的点，定义节点类型为

```
typedef struct LL
{  PointList *pc;                  //点云中的点坐标指针
   short r;                        //点离原点的距离，即球坐标中的半径
   struct LL *NextLL;              //指向相同经纬度的下一个点
}LLList;
```

将每个经纬度点存储于一个二维指针数组中，初值为空：

```
LLLst *R[180][360]={NULL};
```

当径向半径 r 所对应 (θ,φ) 值是多对一的关系时，将半径 r 值按从小到大的顺序插入单链表，如图4-3所示。

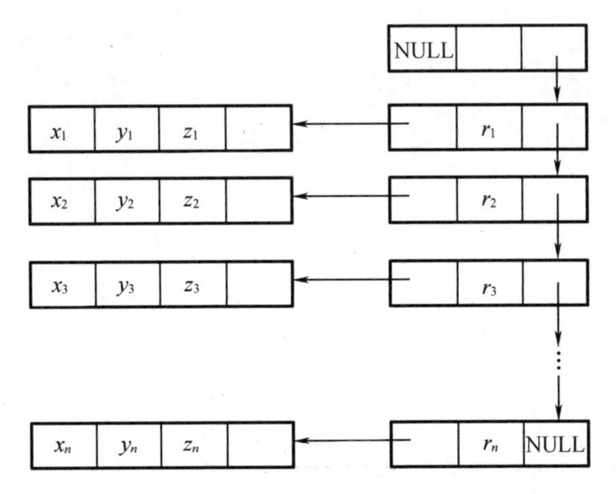

图 4-3　球坐标的邻接链表示意图

4.2.2　直角坐标转换为球坐标

点云数据直角坐标转换为球坐标的函数设计如下：

```
void CloudToSphere(PointList *Head, LLList *R[181][361])
{ int a,b;float r; LLList *PLL1, *PLL2, *PLL3;
PointList *PL1=Head, *PL2=Head;
while(PL1! =NULL)                              //点云为空时结束
  { XyzToSphere(PL1->X,PL1->Y,PL1->Z,a,b,r);
                                               //直角坐标转换为球坐标
  if(R[a][b]==NULL)                            //如果该经纬度没有点就直
                                               //接加点
    { R[a][b]=(LLList *)malloc(sizeof(LLList));
                                               //开辟经纬度空间
    R[a][b]->r=1;                              //记录加点个数
    R[a][b]->pc=(PointList *)malloc(sizeof(PointList));
                                               //开辟点坐标空间
    PLL1=(LLList *)malloc(sizeof(LLList));//开辟加点空间
    R[a][b]->NextLL=PLL1;
    PLL1->pc=PL1; PLL1->r=r;                   //在经纬度链表中加入直角
                                               //坐标及半径
    PLL1->NextLL=NULL;                         //继续下一个点
    }
  else                                         //如果该经纬度有点就按半
```

```
                                                    //径顺序加点
   {PLL2=R[a][b];PLL1=PLL2->NextLL;
   while(PLL1!=NULL)
     {if(r>PLL1->r)                                 //在经纬度链表中按半径顺
                                                    //序插入点的位置
       PLL2=PLL1,PLL1=PLL1->NextLL;
     else                                           //在经纬度链表中按半径顺
                                                    //序插入点
       {PLL3=(LLList *)malloc(sizeof(LLList));
       PLL3->r=r,PLL3->pc=PL1,PLL3->NextLL=PLL1;
       PLL2->NextLL=PLL3;break;
       }
     }
   if(PLL1==NULL)                                   //在经纬度链表中最后插
                                                    //入点
     {PLL1=(LLList *)malloc(sizeof(LLList));
     PLL1->pc=PL1;PLL1->r=r;
     PLL1->NextLL=NULL;PLL2->NextLL=PLL1;
     }
   R[a][b]->r++;                                    //在经纬度链表中记录相同
                                                    //经纬度点的个数
  }
 PL1=PL1->NextP;
 }
}
```

图4-4所示为直角坐标转换为球坐标后纬度为0°和180°的蜜橘及柠檬点云数据投影图,可以看出,对于点数较多且噪点较多的蜜橘点云数据,如图4-4(a)所示,在同一个经纬度有不同半径的多余点;而对于点数较少且噪点少的柠檬点云数据,如图4-4(b)所示,有些经纬度存在缺点,所以后面需要去除多余点及填充空缺点。

4.2.3 去噪点与补漏点

从图4-4中可以看出,纬线附近有多个噪点,有的噪点离纬线还有一些距离,根据概率统计规律,落在果实表面附近的点一定多于噪点,因此,利用统计排序滤波法的中值滤波法,可以很大程度上过滤掉噪点。

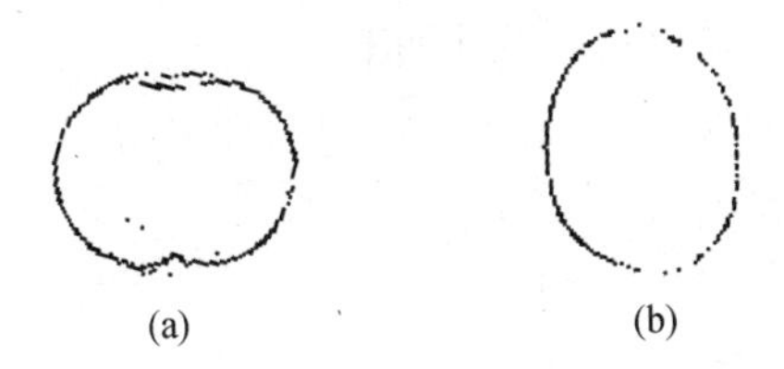

图 4-4　纬度为 0°和 180°的经线点云投影图 1

对 $R[181][361]$中所有的邻接链表进行中值滤波，如图 4-3 所示，对 r_1，r_2，…，r_n 进行中值滤波，即

$$r_m = \underset{1 \leqslant i \leqslant n}{\text{median}} \{ r_i \} \tag{4-3}$$

由于 $r_i(i=0,1,2,\cdots,n)$已排序，将 $r_{n/2}$ 对应的节点值存入 $R[a][b]$中(图 4-5)。

图 4-5　$R[a][b]$的滤波结果邻接链表

对于空缺的点，根据空点邻域经纬度范围内非空点的坐标填充空缺点，采用平均法进行填充，邻域大小取 3×3(或 5×5)。

$$R[a][b] \to pc \to x = \frac{1}{m} \sum_{u=-1}^{1} \sum_{v=-1}^{1} R[a+u][b+v] \to pc \to x$$

$$R[a][b] \to pc \to y = \frac{1}{m} \sum_{u=-1}^{1} \sum_{v=-1}^{1} R[a+u][b+v] \to pc \to y$$

$$R[a][b] \to pc \to z = \frac{1}{m} \sum_{u=-1}^{1} \sum_{v=-1}^{1} R[a+u][b+v] \to pc \to z$$

式中，m 为 $R[a+u][b+v]$不为空的个数。图 4-6(a)为图 4-4(a)去噪点后的点云投影图；图 4-6(b)为图 4-4(b)填充空点后的点云投影图。

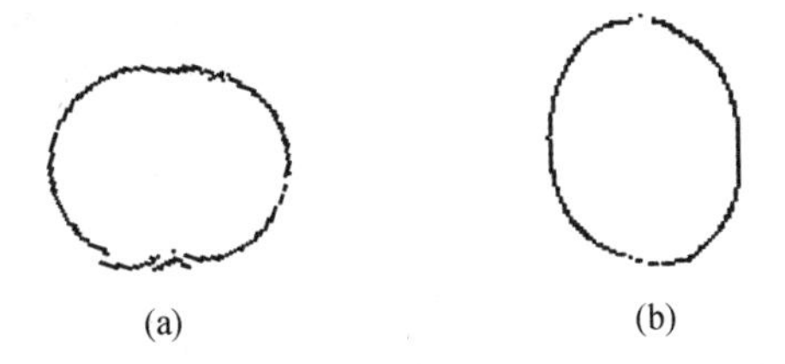

图 4-6　纬度为 0°和 180°的经线点云投影图 2

果实去噪点与补漏点的函数设计如下：

```
void Fruit Del And Add(LLList *R[181][361])
{ LLList *P1; int u,v;
  for(int i=0;i<=180;i++)                          //循环经度
    for(int j=0;j<=360;j++)                        //循环纬度
      if(R[i][j]! =NULL)                           //如果不是空点进行
                                                   //去噪点处理
        {  PLL1=R[i][j]->NextLL;
           for(int k=0;k<R[i][j]->r/2;k++) P1=P1->NextLL;
                                                   //定位到中值位置
           R[i][j]->pc=PLL1->pc;                   //中值作为当前经纬
                                                   //度的点坐标
        }
 for(i=0;i<=180;i++)                               //循环经度
   for(int j=0;j<=360;j++)                         //循环纬度
     if(R[i][j]==NULL)                             //如果是空点进行补
                                                     漏点处理
       { float sx=0,sy=0,sz=0,m=0;
       for(int s=-2;s<=2;s++)                      //循环经度
         for(int t=-2;t<=2;t++)                    //循环经度
           {u=i+s,v=j+t;
           if(i+s<0)u=0;else if(i+s>180)u=180;
                                                   //限定在经度范围内
           if(j+t<0)v=360; else if(j+t>360)v=0;
                                                   //限定在经度范围内
           if(R[u][v]! =NULL)                      //对邻域内非空点坐
                                                   //标进行求和
             sx+=R[u][v]->pc->X,sy+=R[u][v]->pc->Y,sz+=R[u][v]->
pc->Z,m++;
           }
       if(m>0)
         {sx=sx/m,sy=sy/m,sz=sz/m;                 //邻域内非空点坐标
                                                   //求平均
       R[i][j]=(LLList *)malloc(sizeof(LLList));
       R[i][j]->pc=(PointList *)malloc(sizeof(PointList));
```

```
        R[i][j]->pc->X=sx,R[i][j]->pc->Y=sy,R[i][j]->pc->Z=sz;
        }
    }
}
```

直角坐标转换为球坐标的最终果实点云数据,如图 4-7 所示。

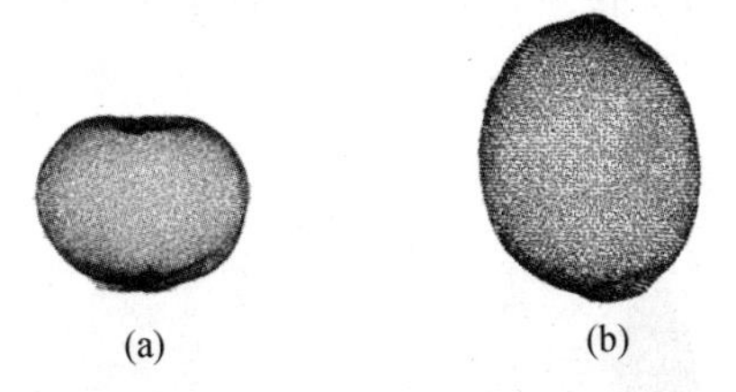

(a)　　(b)

图 4-7　直角坐标转换为球坐标的果实点云数据示意图

4.3　叶片点云数据的坐标变换

叶片形状类似小曲面片,根据第 3 章计算的叶片主轴及弯曲方向,可以用圆柱坐标表示。

4.3.1　圆柱坐标值的存储方式

将直角坐标(x,y,z)转换为圆柱坐标(h,φ,r)之后,也可能存在径向半径 r 与(h,φ)的值是一对多的关系,需要将这些信息保存,以便后续处理。

与球面类似,采用邻接链表存储同一高度、角度对应的多个不同半径的点,定义节点类型为

```
typedefstruct HL
{ PointList *pp;                 //点云中的点坐标指针
shortr;                          //点离 Y 轴的垂直距离,即圆柱中的半径
BYTE bz;                         //用于标记
}HLList;
```

将每个高度、角度点存储于一个二维指针数组中,初值为空:

```
HLList *R[H][360]={NULL};
```

其中,H 为根据实际叶片的大小定义的宏。

当半径 r 所对应(h,φ)值是多对一的关系时,取平均值。

4.3.2 直角坐标转换为圆柱坐标

将叶片的直角坐标转换为圆柱坐标之前,首先需要将叶片底部平移到坐标原点,图 4-8(a)所示为第 3 章已求出的叶片位置,将其最底部的位置平移到坐标原点如图 4-8(b)所示,其俯视投影图如图 4-8(c)所示。为了较好地将直角坐标转换为圆柱坐标,需要将点云数据沿 Z 轴弯度方向如图 3-4 所示的相反的方向平移叶片半个宽度,如图 4-8(d)。

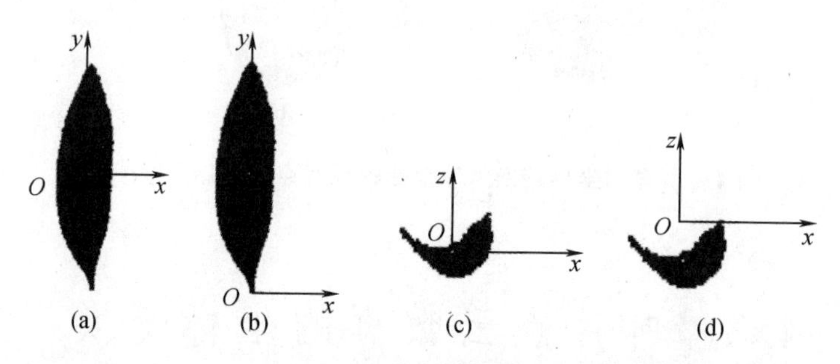

图 4-8 叶片的直角坐标转换为圆柱坐标示意图

直角坐标转换为圆柱坐标的函数设计如下:

```
void CloudToCylinder(PointList *Head,HLList *R[H][361])
{int y,b;float r; HLList *PHL1,*PHL2;
PointList *PL1=Head,*PL2=Head;
rmax=-100,rmin=10000;                    //全局变量
for(int i=0;i<num;i++)
  {XyToCircle(PL1->X,PL1->z,b,r);        //直角坐标转换为圆柱坐标
  y=PL1->Y;                              //点云 y 值也是圆柱中的高度
  if(R[y][b]==NULL)                      //如果该角度与高度没有点就直
                                         //接加点
  {
    R[y][b]=(HLList *)malloc(sizeof(HLList));
                                         //开辟点云邻接链表节点空间
    R[y][b]->r=1;                        //记录加点个数
    R[y][b]->pp=(PointList *)malloc(sizeof(PointList));
                                         //开辟点坐标空间
    R[y][b]->pp=PL1;
    if(b>rmax)rmax=b;
```

```
    if(b<rmin)rmin=b;
    if(rmax==360)rmax=rmin,rmin=0;
  }
  else                                  //如果该角度与高度有点就求和
  {  R[y][b]->pp->X+=PL1->X;
     R[y][b]->pp->Z+=PL1->Z;            //坐标求和
     R[y][b]->r++;                      //记录加点个数
  }
    PL1=PL1->NextP;
}
for(int h=0;h<H;h++)                    //H 为叶片高度
  for(int b=rmin;b<=rmax;b++)
    if(R[h][b]!=NULL)
        R[h][b]->pp->X=R[h][b]->pp->X/R[h][b]->bz;
        R[h][b]->pp->Z=R[h][b]->pp->Z/R[h][b]->bz;
                                        //取平均值
}
```

图 4-9(b)为直角坐标[图 4-9(a)]转换为圆柱坐标叶片点云数据示意图。

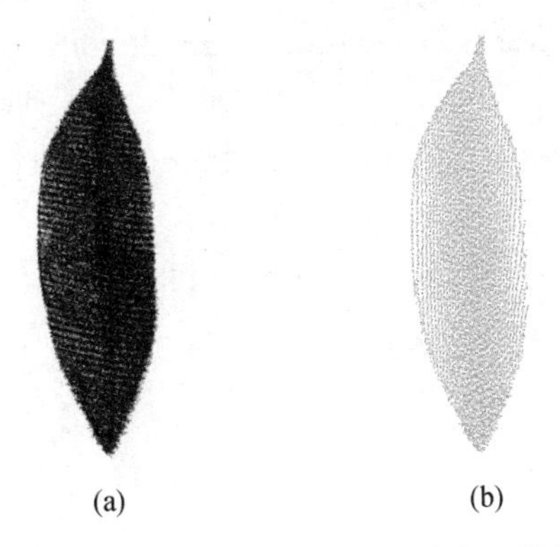

图 4-9　直角坐标转换为圆柱坐标叶片点云数据示意图

4.3.3　补漏点

叶片补漏点与果实不同,叶片只在 360°中的一定范围内,且填补空缺点之前,需要计算叶片在不同高度的角度范围,在角度范围内采用邻近法进行补点。其基本思想是,不改变原点云数据点坐标,只是将漏掉的点用邻近的坐标值代替。

叶片补漏点关键程序如下：

```
for(int h=0;h<H;h++)
  { for(int b=rmin;b<=rmax;b++)
    if(R[h][b]!=NULL)                          //第一个不为空
    {  for(int b1=rmin;b1<b;b1++)              //补漏左边
       {R[h][b1]=(HLList *)malloc(sizeof(HLList));
                                               //开辟点云邻接链表节点空间
       R[h][b1]->pp=(PointList *)malloc(sizeof(PointList));
       R[h][b1]->pp->X=R[h][b]->pp->X;
       R[h][b1]->pp->Y=R[h][b]->pp->Y;
       R[h][b1]->pp->Z=R[h][b]->pp->Z;
                                               //取邻近角度不为空点的坐标
       }
       break;                                  //循环下一个高度
    }
 for(b=rmax;b>=rmin;b--)
   if(R[h][b]!=NULL)                           //最后一个不为空
   { for(int b1=b+1;b1<=rmax;b1++)             //补漏右边
     {R[h][b1]=(HLList *)malloc(sizeof(HLList));
                                               //开辟点云邻接链表节点空间
     R[h][b1]->pp=(PointList *)malloc(sizeof(PointList));
     R[h][b1]->pp->X=R[h][b]->pp->X;
     R[h][b1]->pp->Y=R[h][b]->pp->Y;
     R[h][b1]->pp->Z=R[h][b]->pp->Z;           //取邻近角度不为空点的坐标
     }
   break;
   }
 for(b=rmin+1;b<=rmax-1;b++)
   if(R[h][b]==NULL)                           //中间有空
   {R[h][b]=(HLList *)malloc(sizeof(HLList));
                                               //开辟点云邻接链表节点空间
    R[h][b]->pp=(PointList *)malloc(sizeof(PointList));
    R[h][b]->pp->X=R[h][b-1]->pp->X;
    R[h][b]->pp->Y=R[h][b-1]->pp->Y;
```

```
    R[h][b]->pp->Z=R[h][b-1]->pp->Z;
                                        //取邻近角度不为空点的坐标
  }
}
```

4.4　花朵点云数据的坐标分割及变换

第3章计算的花朵主轴方向,也可以用圆柱坐标表示。圆柱坐标值的存储方式与叶片相同,直角坐标转换为圆柱坐标的方法也相同。将花朵点云数据的直角坐标转换为圆柱坐标之前,需要将花朵底部中心平移到坐标原点,由于花朵中心点已经在坐标原点,只需要将花朵沿 Y 方向平移其最小 y 值,如图 4-10 所示。

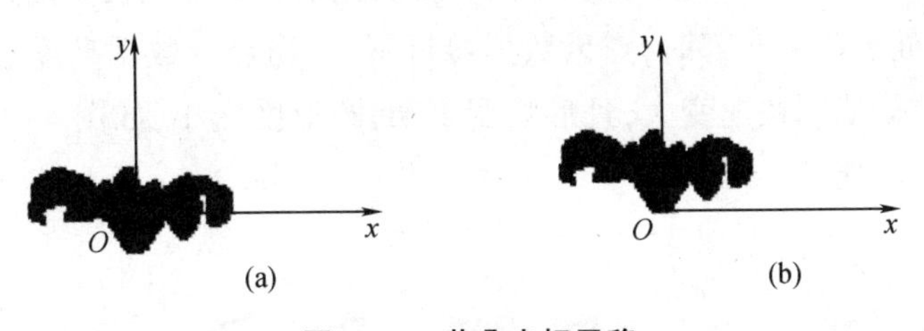

图 4-10　花朵坐标平移

再调用 4.3.2 中的 CloudToCylinder 函数,将花朵点云数据的直角坐标转换为圆柱坐标。

4.4.1　花朵底部的分割

花朵的直角坐标转换为圆柱坐标后,可以快速得到不同高度的点云数据,如图 4-11 所示,是花朵点云数据不同高度的俯视投影图,可以看出,从花朵底部开始,不同的高度都在同一个连通区域,当连通区域突然变大,如图 4-11(g)所示,表示出现了花瓣,这时花朵底部截止。

1. 圆形度

通过分析花朵底部俯视投影图的特点,可以使用圆形度判断花朵底部截止的高度,圆形度的表达式如下:

$$C=4\pi\frac{A}{p^{2}} \tag{4-4}$$

式中,A 为区域的面积;p 为区域的周长。

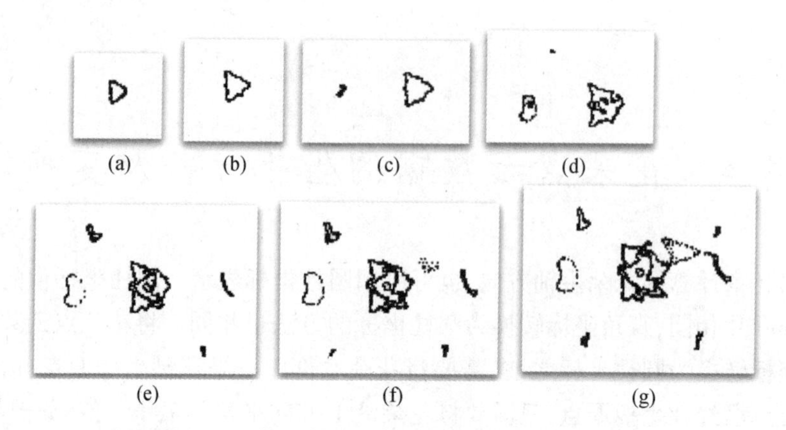

图 4-11　花朵点云数据不同高度的俯视投影图

图 4-11 所示为花朵点云数据不同高度的花朵底部俯视投影图,可以看出,当点云数据处于花朵底部时,点云数据接近圆形,当点云数据高度接近花瓣位置时,点云数据范围快速变大,且形状变复杂,圆形度变小,如图 4-12 所示,可以明显看出,出现了花瓣。

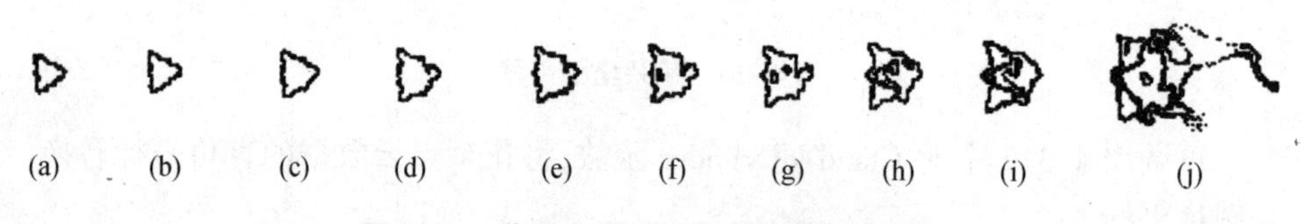

图 4-12　花朵点云不同高度的俯视投影图

2. 合并不同高度的花朵底部点云

如图 4-12 所示,为了使每一个高度点云数据有填充的点,便于计算点云数据的面积,将当前高度的点云数据与之前所有高度的点云数据合在一起,使花朵某一个底部高度 h 点云数据在花瓣中有较密集的点,通过这些点可以计算某一个高度 h 花朵底部中的点云数据个数,也就是面积。

显示某一个高度 h 以下花朵中的点云数据俯视投影图关键程序如下:

```
for(int j=0;j<=h;j++)                    //循环高度 h 以下的所有点云
  { for(int i=0;i<=360;i++)              //循环 0°到 360°的所有点云
    if(R[j][i]! =NULL)                   //如果当前点不为空
      {PLL1=R[j][i]->NextLL;             //指针指向当前点
```

```
    while(PLL1! =NULL)                    //循环读取同一角度及同一高
                                          //度的所有点
      {pDC->SetPixel(xx+dx,zz+dy,RGB(0,0,0));
                                          //以黑点显示俯视投影图
      PLL1=PLL1->NextLL;                  //寻找下一个点
      }
    }
}
```

图4-13所示为不同高度以下的点云数据俯视投影图,可以看出,随着高度的增加,会出现其他花瓣的点云数据,需要提取中心位置的花朵底部,暂时剔除其他花瓣点云。

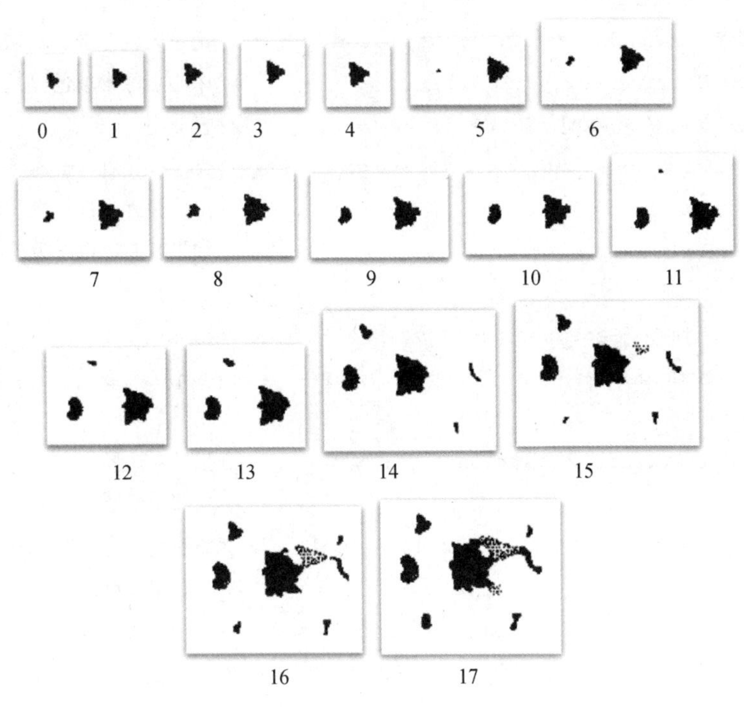

图4-13　不同高度以下的点云数据俯视投影图

3.提取花朵底部点云数据

针对俯视投影图,采用区域生长法提取花朵底部点云数据,区域生长法的重要步骤如下:

①提取投影图中心点坐标,将坐标入栈,并置为灰色(或其他颜色);

②当栈非空时,坐标出栈;

③如果其左、左上、上、右上、右、右下、下、左下像素为黑色,说明有花朵点云数据,将其入栈,并置为灰色;

④重复②③,直到栈空为止。

在区域生长中,可以提取区域范围,左、上、右、下四邻域区域生长函数设计如下:

```
void Full4(CDC *pDC,int xz,int yz,COLORREF ICol,COLORREF ECol,RECT
&r)
{ struct xy {int x,y; struct xy *next; } *top, *node;
                                            //定义链栈结构
node=new xy;  node->x=xz,node->y=yz;node->next=NULL;
top=new xy; top->next=node;                 //中心点坐标入栈
r.left=r.right=xz, r.bottom=r.top=yz;       //记录区域范围 r 的初值。
pDC->SetPixel(xz,yz,ECol);                  //中心点像素填色
while (top->next!=NULL)                     //栈非空
  { node=top->next,xz=node->x, yz=node->y,top->next=node->next;
                                            //出栈像素坐标
    if(pDC->GetPixel(xz-1,yz)==ICol)        //如果其左边像素为黑色,说
                                            //明有花朵点云
      { pDC->SetPixel (xz-1,yz,ECol); node=new struct xy;
      node->x=xz-1, node->y=yz;node->next=top->next; top->next=
node;
      if(r.left>xz-1)r.left=xz-1;           //记录左边界
      }                                     //左邻像素填色入栈
    if(pDC->GetPixel(xz,yz+1)==ICol)        //如果其上边像素为黑色,说
                                            //明有花朵点云
      { pDC->SetPixel(xz,yz+1,ECol); node=new struct xy;
      node->x=xz, node->y=yz+1; node->next=top->next;top->next=
node;
      if(r.bottom<yz+1)r.bottom=yz+1;       //记录上边界
      }                                     //上邻像素填色入栈
    if(pDC->GetPixel(xz+1,yz)==ICol)        //如果其右边像素为黑色,说
                                            //明有花朵点云
      { pDC->SetPixel( xz+1,yz,ECol); node=new struct xy;
```

```
        node->x=xz+1,node->y=yz;node->next=top->next;top->next=
node;
        if(r.right<xz+1)r.right=xz+1;       //记录右边界
        }                                   //右邻像素填色入栈
      if(pDC->GetPixel(xz,yz-1)==ICol)      //如果其下边像素为黑色,说
                                            //明有花朵点云
        { pDC->SetPixel(xz, yz-1,ECol);  node=new struct xy;
        node->x=xz,node->y=yz-1;node->next=top->next;top->next=
node;
        if(r.top>yz-1)r.top=yz-1;
        }                                   //下邻像素填色入栈
    }}
```

针对左上、右上、右下、左下四个邻域,类似地,只需在上面的函数中添加斜方向四个邻域即可。

4. 计算花朵区域的面积

投影图的目标面积计算方法有多种,这里介绍以下两种方法。

(1)像素计数面积

最简单的面积计算方法是统计目标边界内部(也包括边界上)的像素数目的总和,若投影图目标对应的像素位置坐标为(x_i, y_j)($i=0,1,2,\cdots,N-1;j=0,1,2,\cdots,M-1$),则面积计算公式如下:

$$A = \sum_{x=1}^{N} \sum_{y=1}^{M} f(x,y) \tag{4-5}$$

(2)用边界坐标计算面积

如果已知目标边界像素,就不能使用上述方法,可以使用 Green(格林)定理求面积,在 XOY 平面中的一个封闭曲线包围的面积由其轮廓积分给定,即

$$A = \frac{1}{2}\oint(x\mathrm{d}y - y\mathrm{d}x) \tag{4-6}$$

其中,积分沿着该闭合曲线进行,将其离散化变为

$$A = \frac{1}{2}\sum_{i=1}^{N_b}[x_i(y_{i+1} - y_i) - y_i(x_{i+1} - x_i)] \tag{4-7}$$

$$= \frac{1}{2}\sum_{i=1}^{N_b}[x_i y_{i+1} - x_{i+1} y_i] \tag{4-8}$$

式中,N_b 为边界点的数目。

该方法的前提条件是边界坐标值沿边界顺序存放,即需要将边界信息矢量化。从边界的某一点出发,按图 4-14 所示的顺序搜索相邻边界像素的坐标值,将其保存并标记,直到边界上所有像素搜索完毕。

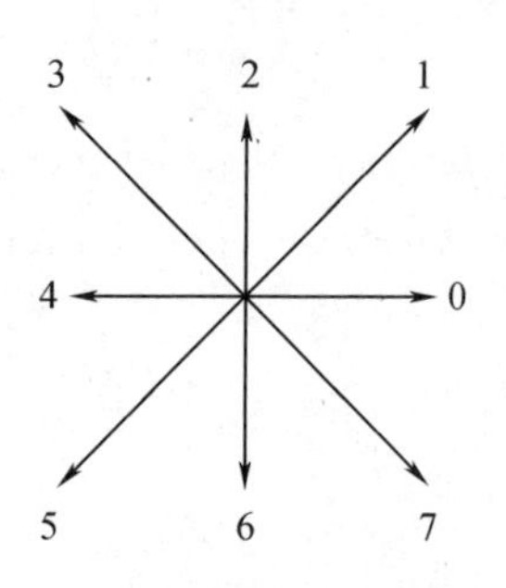

图 4-14　8 邻域搜索顺序

完成区域生长后,根据像素的灰度可以计算面积,本书采用第一种方法计算面积,关键程序如下:

```
area=0;
for(y=r.top;y<r.bottom;y++)                    //循环投影垂直范围
  for(x=r.left;x<r.right;x++)                  //循环投影水平范围
    if(pDC->GetPixel(x,y)= =RGB(128,128,128))
      area++;                                  //计数像素个数
```

如图 4-15 所示下方的数字为不同高度计算的面积。

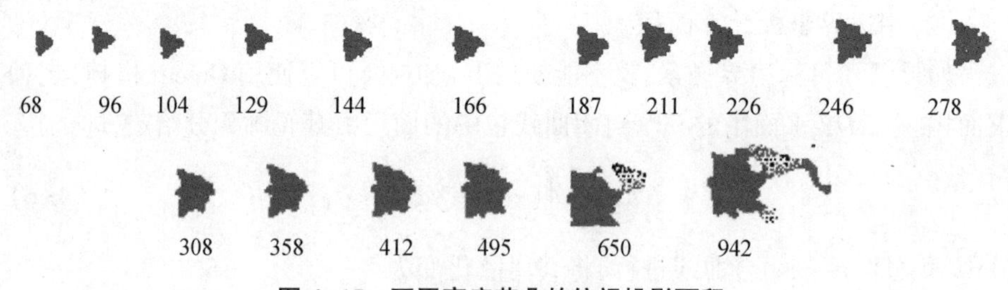

图 4-15　不同高度花朵的俯视投影面积

5. 计算花朵区域的周长

区域周长的计算方法通常有以下三种。

(1)隙码法

把区域中的像素看作面积为单位面积小方块,投影图的目标和背景看成由小方块组成,将小方块的边长作为一个单位,目标像素和背景像素间的边长看作一个缝隙,也可称为一个隙码。一个目标的周长就是隙码的长度。如图 4-16(a)所示的目标区域,其周长如图 4-16(b)粗线所示,隙码的长度(周长)为 24。

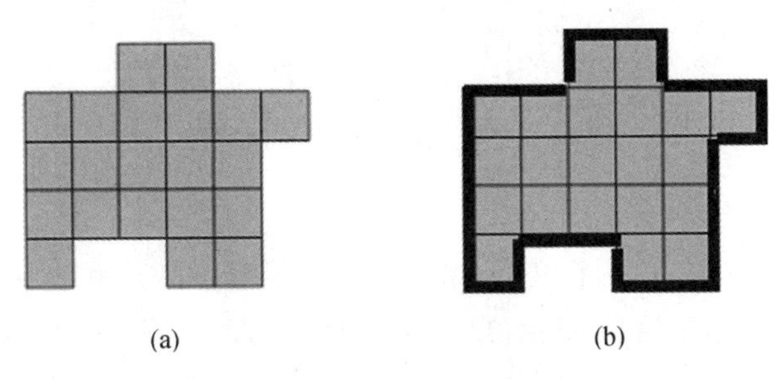

图 4-16　隙码法计算周长

(2)链码法

把像素看作点,一个单位长度用相邻点的距离表示,也可以将相邻像素形象地看成通过一个链子连接起来,链子有八个方向的链码,如图 4-17 所示。

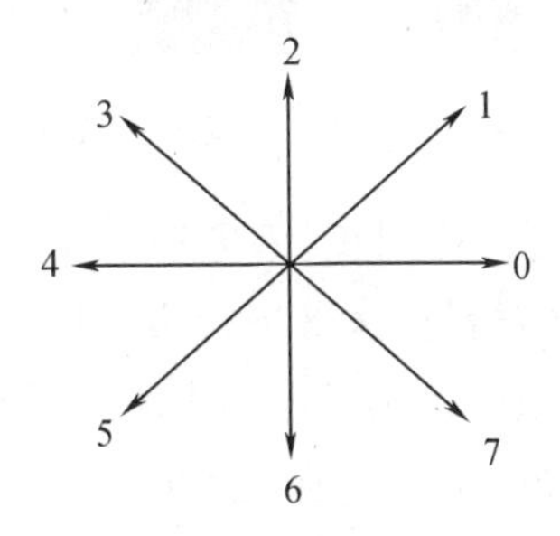

图 4-17　方向链码示意图

当链码值为偶数时,其长度记为 1;当链码值为奇数时,其长度记为$\sqrt{2}$。一个目标的周长就是计算链码的长度,周长 p 表示为

$$p=N_e+\sqrt{2}N_o \tag{4-9}$$

式中,N_e 为边界偶数值链码的数目;N_o 为边界奇数值链码数目。

如图 4-18 所示,目标区域边界链码的长度(周长)为

$$p=10+5\sqrt{2}$$

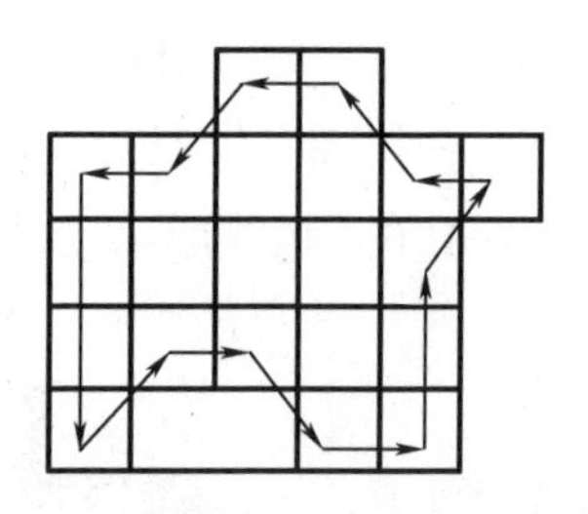

图 4-18　链码法计算周长示意图

(3)面积法

将一个像素点作为一个单位,周长用边界像素点数之和表示,即用像素的面积表示周长。如图 4-19 所示,目标周长为 15(即黑方块像素个数)。

图 4-19　面积法计算周长示意图

本书采用第三种面积法计算周长,该方法的关键是如何提取目标的边界,可以使用四邻域或八邻域法对目标区域进行边界提取。

具体方法为:如果当前像素值为目标,周围四个像素(或八个像素)均为目标,则当前像素值置为背景色,否则当前像素值不变。图 4-19 为目标边界提取结果实例,图 4-20(a)为原图,图 4-20(b)为四邻域法提取边界,图 4-19(c)为八邻域法提取边界。

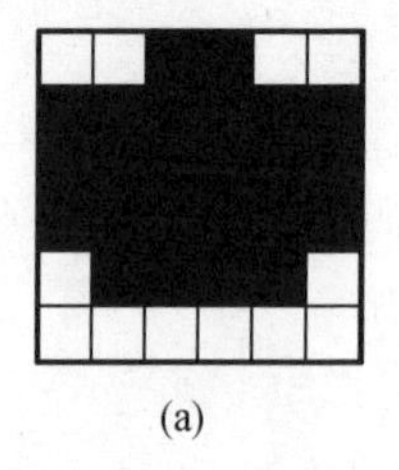

(a)

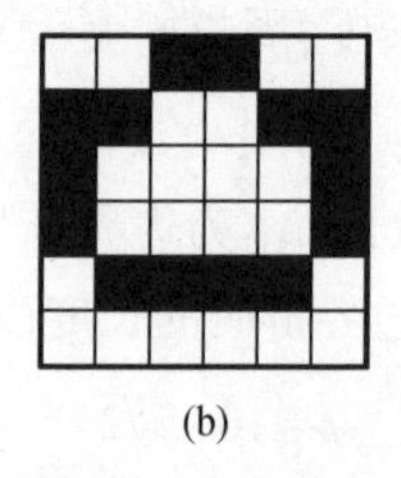

(b)

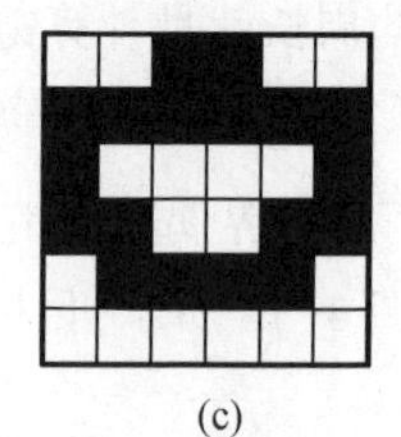

(c)

图 4-20　边界提取示意图

四邻域法计算周长的具体方法为:如果当前像素为目标,其左、上、右、下邻域像素为目标的个数大于或等于1且小于或等于3,则当前像素为目标边界,作为周长计算的一个计数。

关键程序如下:

```
p=0;
for(y=r.top-1;y<=r.bottom+1;y++)
  for(x=r.left-1;x<=r.right+1;x++)
    {if(pDC->GetPixel(x,y)= =RGB(128,128,128)
      if(pDC->GetPixel(x,y-1)= =RGB(128,128,128)
        &&pDC->GetPixel(x,y+1)= =RGB(128,128,128)
        &&pDC->GetPixel(x-1,y)= =RGB(128,128,128)
        &&pDC->GetPixel(x+1,y)= =RGB(128,128,128));          //不是边界
      else if(pDC->GetPixel(x,y-1)!=RGB(128,128,128)
        &&pDC->GetPixel(x,y+1)!=RGB(128,128,128)
        &&pDC->GetPixel(x-1,y)!=RGB(128,128,128)
        &&pDC->GetPixel(x+1,y)!=RGB(128,128,128));           //不是边界
      else p++;                                              //周长计数
    }
```

如图4-21所示,下方的数字为不同高度计算的周长。

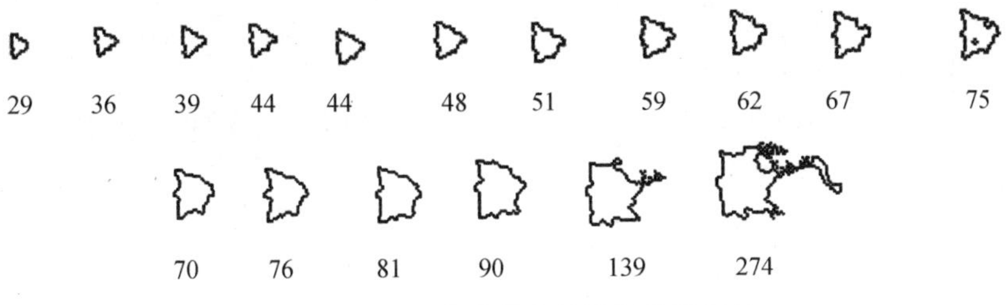

图4-21　不同高度花朵的俯视投影周长

6. 分割花朵底部点云数据

在花朵底部,俯视投影图接近圆形,圆形度接近1;当出现花瓣,圆形度变小,一般小于0.5。图4-22中,第一排数字为圆形度,第二排数字为点云数据高度,可以看出,当高度为16时,开始分割出花瓣,所以,花朵底部点云数据的高度范围为0~15。

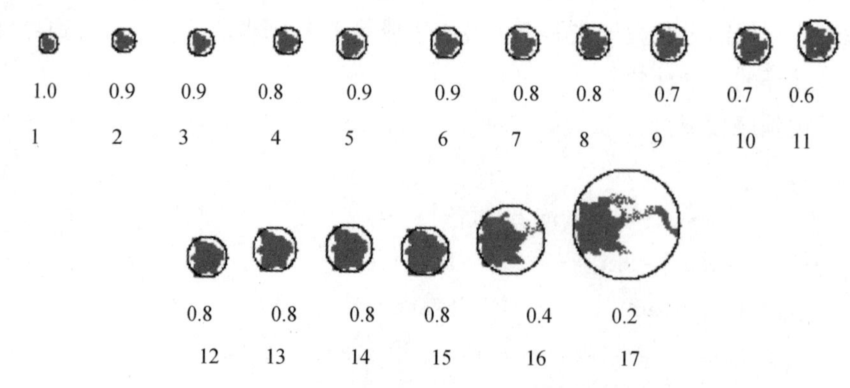

图 4-22　花朵底部分割过程图

确定了花朵底部的范围后，需要将相应点云数据进行标注，以便后续的花瓣分割。

```
for(int j=0;j<=15;j++)                    //对花朵底部的范围进行俯视投影
  for(int i=0;i<=360;i++)
    if(R[j][i]!=NULL)
     {PLL1=R[j][i]->NextLL;
     while(PLL1!=NULL)
       {pDC->SetPixel(PLL1->pc->X+dx,PLL1->pc->Z+dy,RGB(0,0,0));
       PLL1=PLL1->NextLL;
       }
     }
Full4(pDC,dx,dy,RGB(0,0,0),RGB(128,128,128),r);
                                           //确定花朵底部的俯视投影图范围 r
for(j=0;j<=15;j++)
  for(int i=0;i<=360;i++)
    if(R[j][i]!=NULL)
     {PLL1=R[j][i]->NextLL;
     while(PLL1!=NULL)
       {if(PLL1->pc->X+dx<=r.right &&PLL1->pc->X+dx>=r.left
       &&PLL1->pc->Z+dy<=r.bottom&&PLL1->pc->Z+dy>=r.top)
         PLL1->bz=1;                      //对花朵底部的点云数据进行标注
       PLL1=PLL1->NextLL;
       }
     }
```

图 4-23　不同角度的花朵底部分投影图

4.4.2　花瓣的分割

图 4-24 展示了不同花瓣在不同角度的特点,由图可见,左边曲线(直线表示 Y 坐标轴位置)是在两个花瓣的分界处(右图中白色直线所在的角度,下方数据为具体角度值)的不同高度及不同半径的投影图,可以看出,半径较小的角度位置是花瓣的分割边界。由于花瓣有一定的弯曲,如果仅使用同一个角度进行分割,在半径较大位置处,会出现同一个花瓣分成两部分的情况。如图 4-24 所示,第 4 个与第 6 个图就属于这种情况。

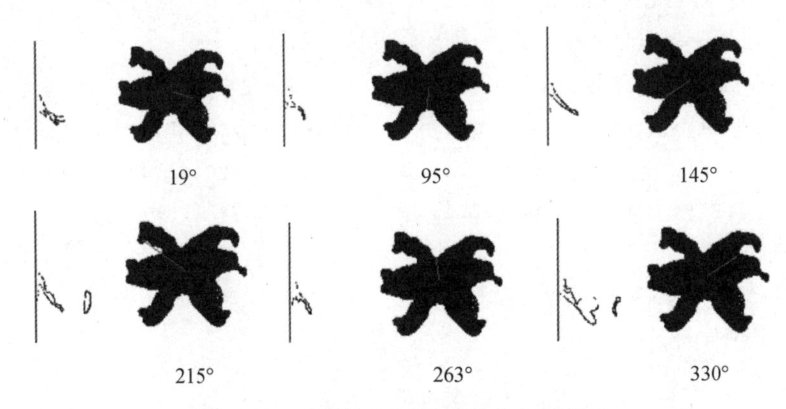

图 4-24　花瓣在不同角度的特点示意图

图 4-25 为同一个角度分割花瓣的俯视投影图,需要进一步更改角度,也就是说,花瓣的分割除了考虑角度外,还要考虑半径。对于同一个花瓣,不同的半径分割的角度是不相同的。

图 4-25　同一个角度分割的花瓣结果示意图

1. 提取点云数据的半径信息

(1)定义节点类型

```
typedef struct
{PointList *pc;                                    //点云中的点坐标指针
 BYTE bz;                                          //用于标记不同的花瓣
}LLList1;
```

(2)定义含半径的数组

```
LLList1 *R1[50][100][361]={NULL};
```

(3)含半径的数组赋值

```
for(j=0;j<=H;j++)
  {for(int i=0;i<=360;i++)
  if(R[j][i]!=NULL)
    {PLL1=R[j][i]->NextLL;
    while(PLL1!=NULL)
    {int r=PLL1->r;
      if(R1[r][j][i]==NULL)
      { R1[r][j][i]=(LLList1 *)malloc(sizeof(LLList1));
        R1[r][j][i]->pc=(PointList *)malloc(sizeof(PointList));
        R1[r][j][i]->pc=PLL1->pc;
      }
      PLL1=PLL1->NextLL;
    }
  }
}
```

(4)显示半径为 r 的点云俯视投影图。

```
for( i=0;i<=360;i++)
  for(int j=0;j<H;j++)
    if(R1[r][j][i]!=NULL)
      pDC->SetPixel(R1[r][j][i]->pc->X+dx,R1[r][j][i]->pc->Z+dy,
RGB(0,0,0));
```

图 4-26 为不同半径(下方数字)点云数据俯视投影图,可以看出,花瓣的分界处为空穴,根据此特点可以得出不同半径的花瓣边界。

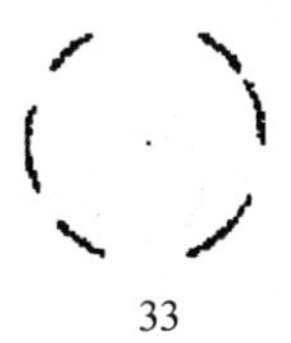

图 4-26　不同半径点云俯视投影图

2. 提取花瓣边界的角度

```
float T[6];
int x1,y1,s=0,bz=0,k=0,sum=0;
float d=1/(2*3.14*m_r);
for(float t=0;t<6.28;t=t+d)
{  x1=dx+m_r*cos(t)+300;y1=dy+m_r*sin(t);   //计算不同半径的圆坐标
   s=0;
   for(int i=-1;i<=1;i++)
     for(int j=-1;j<=1;j++)
       if(pDC->GetPixel(x1+i,y1+j)==RGB(255,255,255))
         s++;                                    //记录区域中空穴
     if(s==9)                                    //有一个空穴
       {if(bz==0)
         {sum++;
         if(sum>3) T[k++]=t,bz=1;                //记录分界角度
         }
       }
       else bz=0,sum=0;
}
```

图 4-27 上方图为记录的花瓣右边界,如果修改上面程序中的角度循环函数,表示为

```
for(float t=6.28;t>=0;t=t-d)
```

就可以记录花瓣左边界,如图 4-27 下方图所示。

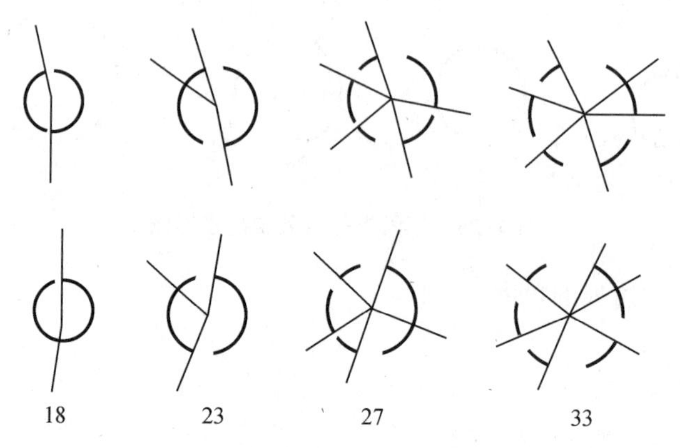

图 4-27　不同半径分割花瓣

图 4-28 为最终分割的花瓣正透影图。

图 4-28　分割花瓣正透影图

4.5　枝干点云数据的坐标分割及变换

第 3 章计算的枝干主轴方向,可以用圆柱坐标表示,圆柱坐标值的存储方式与叶片相同,直角坐标转为圆柱坐标的方法也相同。

4.5.1　枝干的平移

将枝干点云数据的直角坐标转为圆柱坐标之前,首先需要将枝干中心原点如图 4-29(a)所示平移到枝干底部,如图 4-29(b)所示。

关键程序如下:

```
int ymax=-1000,ymin=1000;
floatXa=0,Ya=0,Za=0;
PL1=Head;
for(int i=0;i<PNum;i++)
{  if(PL1->Y>ymax)ymax=PL1->Y;
```

```
    if(PL1->Y<ymin)ymin=PL1->Y;     //寻找枝干点云数据的最大和最小高度
    Xa+=PL1->X, Ya+=PL1->Y, Za+=PL1->Z;
    PL1=PL1->NextP;
}
H=ymax-ymin+1;                      //计算枝干点云数据高度
Xa/=PNum, Ya/=PNum,Za/=PNum;        //计算枝干点云数据中心坐标
PL1=Head;
for(i=0;i<PNum;i++)
{  PL1->X-=Xa;PL1->Y-=ymin;PL1->Z-=Za;
                                    //平移枝干点云数据
    PL1=PL1->NextP;
}
```

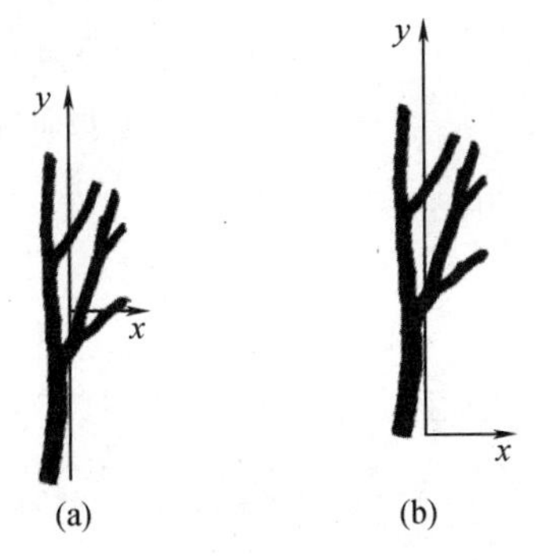

图4-29　枝干中心原点坐标及平移后的坐标示意图

4.5.2　枝干的数据存储

因为枝干有多个分枝，如果将枝干点云数据的直角坐标转为圆柱坐标，在同一个角度和高度位置，一定会存在多个不同半径的点，如果圆柱中心轴并不在枝干的中心轴上，转为圆柱坐标的意义就不大。所以针对枝干点云数据，设计如下存储格式：

1. 定义节点类型

```
typedef struct TL
{PointList *pp;                     //点云中的点坐标指针
  struct TL NextT                   //指向下一个点云中同高度的点坐标
}TLList;
```

2. 定义含高度的数组

```
TLList *H1[500]={NULL}
```

3. 点云用含高度的数组表示的函数设计。

```
void CloudToHeight(PointList *Head,TLList *H1[500])
{int y,b;float r; TLList *PHL1;
PointList *PL1=Head;                    //指向点云的起始位置
for(int i=0;i<PNum;i++)                 //循环所有点云
  { int h=PL1->Y;
  if(H1[h]==NULL)                       //如果该高度没有点就直接加点
    { H1[h]=(TLList *)malloc(sizeof(TLList));
                                        //开辟点云邻接链表节点空间
     H1[h]->pp=(PointList *)malloc(sizeof(PointList));
                                        //开辟点坐标空间
     H1[h]->pp=PL1;                     //指向当前点
     H1[h]-> NextT=NULL;
    }
   else
     { PHL1=H1[h] -> NextT;
      while(PHL1!=NULL) PHL1=PHL1-> NextT;
      H1[h]=(TLList *)malloc(sizeof(TLList));
                                        //开辟点云邻接链表节点空间
      H1[h]->pp=(PointList *)malloc(sizeof(PointList));
                                        //开辟点坐标空间
      H1[h]->pp=PL1;                    //指向当前点
      H1[h]-> NextT=NULL;
     }
   PL1=PL1->NextP;                      //转向下一个点
  }
}
```

图 4-30 为部分不同高度的部分点坐标的 x、z 值。

高度5:	(9.5,6.0)	(9.2,6.1)	(8.8,6.0)	(8.8,6.1)	(8.4,6.0)	(8.4,6.1)	(8.0,6.0)	(8.0,6.1)	(7.6,6.0)	(7.6,6.1)	(7.4,6.0)	(7.2,6.1)	(6.9,6.0)	(10.4,5.7)	(9.9,5.7)	(10.0,5.7)
高度10:	(9.2,4.7)	(9.2,4.7)	(8.8,4.7)	(8.8,4.7)	(8.4,4.7)	(8.4,4.8)	(8.4,4.9)	(8.0,4.7)	(8.0,4.8)	(7.6,4.8)	(7.6,4.8)	(7.6,4.9)	(7.2,4.7)	(7.2,4.8)	(7.2,4.9)	(6.8,4.7)
高度15:	(9.1,3.6)	(8.6,3.6)	(8.8,3.7)	(8.4,3.7)	(8.4,3.7)	(8.0,3.7)	(8.0,3.7)	(8.0,3.8)	(7.6,3.8)	(7.6,3.9)	(7.2,3.8)	(7.2,3.9)	(6.8,3.8)	(6.8,3.9)	(6.5,3.7)	(6.4,3.8)
高度20:	(8.7,2.6)	(8.3,2.6)	(8.4,2.7)	(7.9,2.6)	(8.0,2.7)	(8.0,2.7)	(7.6,2.7)	(7.6,2.7)	(7.6,2.8)	(7.2,2.7)	(7.2,2.8)	(7.2,2.8)	(6.8,2.8)	(6.8,2.8)	(6.8,2.8)	(6.4,2.8)
高度25:	(6.8,2.8)	(6.2,2.0)	(6.4,2.0)	(6.0,2.0)	(6.0,2.0)	(5.6,2.0)	(8.7,1.6)	(8.4,1.7)	(8.4,1.7)	(8.0,1.7)	(8.0,1.8)	(7.6,1.8)	(7.6,1.9)	(7.2,1.9)	(7.2,1.9)	(7.3,2.0)
高度30:	(6.6,1.4)	(6.8,1.5)	(6.3,1.4)	(6.4,1.5)	(6.4,1.7)	(6.0,1.6)	(6.0,1.7)	(6.0,1.7)	(5.6,1.6)	(5.6,1.6)	(5.6,1.6)	(5.2,1.6)	(5.2,1.6)	(5.2,1.5)	(4.8,1.5)	(4.8,1.5)
高度35:	(7.2,-0.8)	(7.2,-0.7)	(6.8,-0.7)	(6.8,-0.6)	(6.3,-0.8)	(6.4,-0.7)	(6.4,-0.5)	(6.0,-0.8)	(6.0,-0.7)	(6.0,-0.5)	(5.6,-0.8)	(5.6,-0.7)	(5.6,-0.5)	(5.3,-0.8)	(5.2,-0.7)	(5.2,-0.6)
高度40:	(5.8,-1.8)	(8.2,-2.2)	(7.9,-2.2)	(7.9,-2.2)	(8.0,-2.1)	(7.6,-2.1)	(7.6,-2.1)	(7.2,-2.0)	(7.2,-2.0)	(6.8,-2.0)	(6.8,-1.9)	(6.4,-1.9)	(6.4,-1.9)	(6.4,-1.9)	(6.0,-1.9)	(6.0,-1.9)
高度45:	(7.9,-2.8)	(7.5,-2.8)	(7.6,-2.8)	(7.6,-2.8)	(7.2,-2.7)	(7.2,-2.7)	(7.2,-2.7)	(6.8,-2.6)	(6.8,-2.6)	(6.8,-2.6)	(6.4,-2.6)	(6.4,-2.6)	(6.4,-2.6)	(6.0,-2.5)	(6.0,-2.6)	(6.0,-2.5)
高度50:	(6.6,-2.2)	(6.4,-2.2)	(6.3,-2.2)	(6.3,-2.3)	(6.0,-2.1)	(6.0,-2.2)	(5.6,-2.1)	(5.6,-2.1)	(5.2,-2.0)	(5.2,-2.1)	(4.8,-2.0)	(4.8,-2.1)	(4.4,-2.0)	(4.4,-2.0)	(4.0,-2.0)	(4.0,-2.1)
高度55:	(6.3,-2.1)	(6.3,-2.0)	(6.0,-2.0)	(6.0,-2.0)	(6.0,-2.0)	(5.6,-1.9)	(5.6,-1.9)	(5.6,-1.9)	(5.2,-1.8)	(5.2,-1.8)	(5.2,-1.8)	(4.8,-1.8)	(4.8,-1.8)	(4.8,-1.8)	(4.4,-1.8)	(4.4,-1.8)
高度60:	(7.1,-1.8)	(6.8,-1.8)	(6.7,-1.8)	(6.4,-1.7)	(6.4,-1.8)	(6.0,-1.6)	(6.0,-1.7)	(5.6,-1.6)	(5.6,-1.6)	(5.1,-1.6)	(5.2,-1.6)	(4.8,-1.6)	(4.8,-1.6)	(4.4,-1.6)	(4.4,-1.6)	(4.0,-1.6)
高度65:	(7.5,-1.2)	(7.5,-1.3)	(7.4,-1.3)	(7.1,-1.1)	(7.1,-1.2)	(7.2,-1.2)	(6.8,-1.1)	(6.8,-1.1)	(6.8,-1.1)	(6.4,-1.0)	(6.4,-1.1)	(6.4,-1.1)	(5.9,-1.0)	(6.0,-1.0)	(5.9,-1.1)	(5.6,-1.0)
高度70:	(6.7,-0.6)	(6.7,-0.7)	(6.3,-0.6)	(6.4,-0.6)	(6.0,-0.5)	(6.0,-0.6)	(5.5,-0.5)	(5.6,-0.6)	(5.1,-0.5)	(5.2,-0.6)	(4.8,-0.5)	(4.8,-0.6)	(4.4,-0.6)	(4.4,-0.6)	(4.0,-0.6)	(4.1,-0.7)
高度75:	(7.8,-0.1)	(7.6,-0.0)	(7.6,-0.1)	(7.5,-0.1)	(7.2,0.0)	(7.2,-0.0)	(7.2,-0.1)	(6.8,0.0)	(6.7,-0.0)	(6.4,0.0)	(6.4,-0.0)	(6.4,-0.0)	(6.0,-0.0)	(6.0,-0.0)	(6.0,-0.0)	(5.6,-0.1)
高度80:	(9.1,0.1)	(9.0,0.1)	(8.8,0.2)	(8.7,0.1)	(8.3,0.3)	(8.3,0.2)	(8.0,0.3)	(8.0,0.3)	(7.6,0.4)	(7.6,0.3)	(7.1,0.4)	(7.1,0.3)	(6.8,0.4)	(6.7,0.4)	(6.8,0.3)	(6.4,0.3)
高度85:	(8.6,0.7)	(8.4,0.7)	(8.4,0.7)	(8.0,0.8)	(8.0,0.8)	(8.0,0.7)	(7.5,0.8)	(7.6,0.8)	(7.6,0.7)	(7.2,0.8)	(7.1,0.8)	(7.1,0.7)	(6.8,0.8)	(6.8,0.7)	(6.8,0.7)	(6.4,0.7)
高度90:	(9.4,1.0)	(9.5,0.9)	(9.5,0.9)	(9.1,1.1)	(9.1,1.0)	(9.1,1.0)	(8.8,1.1)	(8.8,1.1)	(8.8,1.1)	(8.4,1.2)	(8.3,1.2)	(8.4,1.2)	(7.9,1.3)	(7.9,1.3)	(8.0,1.2)	(7.6,1.3)
高度95:	(8.6,1.5)	(8.3,1.6)	(8.4,1.6)	(8.0,1.7)	(7.9,1.7)	(7.6,1.8)	(7.6,1.7)	(7.1,1.8)	(7.1,1.7)	(6.7,1.8)	(6.7,1.8)	(6.4,1.8)	(6.4,1.8)	(6.0,1.8)	(6.0,1.7)	(5.5,1.6)
高度100:	(7.0,1.7)	(7.1,1.8)	(6.7,1.8)	(6.7,1.8)	(6.7,1.9)	(6.4,1.8)	(6.4,1.9)	(6.3,1.9)	(6.0,1.8)	(6.0,1.9)	(6.0,1.9)	(5.6,1.8)	(5.5,1.8)	(5.5,1.8)	(5.3,1.7)	(7.8,1.3)
高度105:	(14.2,0.7)	(14.2,0.7)	(14.0,0.8)	(14.0,0.7)	(13.9,0.7)	(13.5,0.9)	(13.6,0.9)	(13.6,0.8)	(13.1,1.0)	(13.1,1.0)	(13.1,0.9)	(12.7,1.0)	(12.7,1.0)	(12.7,1.0)	(12.4,1.1)	(12.3,1.0)

图 4-30　不同高度的部分点坐标截图

4.5.3　枝干的分割

1. 枝干分枝特征分析

将枝干的直角坐标转为高度表示后,可以更方便得出枝干每个高度的点云数据效果。例如,显示高度为 h 的点云俯视图(横切面图)程序如下:

```
if(H1[h]!=NULL)
{pDC->SetPixel(H1[h]->pp->X,H1[h]->pp->Z,RGB(0,0,0));
PHL1=H1[h]->NextT;
while(PHL1!=NULL)
  {pDC->SetPixel(PHL1->pp->X, PHL1->pp->Z,RGB(0,0,0));
  PHL1=PHL1->NextT;
  }
}
```

图 4-31 为一些不同高度的横切面示意图。从图中可以看出,在枝干底部,其横切面图近似为圆形,从下往上分析,将要分枝的位置,其横切面为椭圆形,当一个椭圆分为两个以上的圆形时,就完成了分枝,根据这一特性,可以确定分枝点的位置。

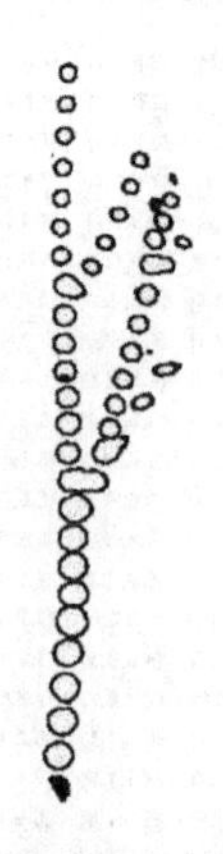

图 4-31　枝干横切面分枝特性示意图

如图 4-32 所示,为不同高度(下方的数字)枝干横切面中第一次分枝的过程图。从图中可以看出,在高度小于 90 都是主干枝,高度 95 到 103 之间,枝干准备开始分枝,在高度为 104 时,完成分枝。

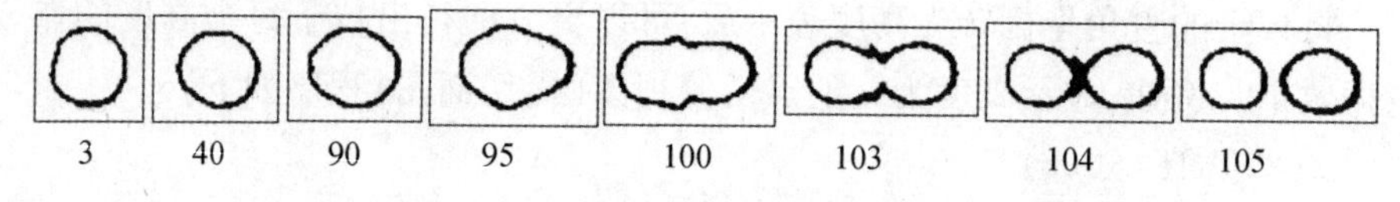

图 4-32　不同高度枝干横切面第一次分枝的过程图

图 4-33 为第一次分枝后的右边的枝干再次分枝的过程图。在高度为 115 时,完成第二次分枝。

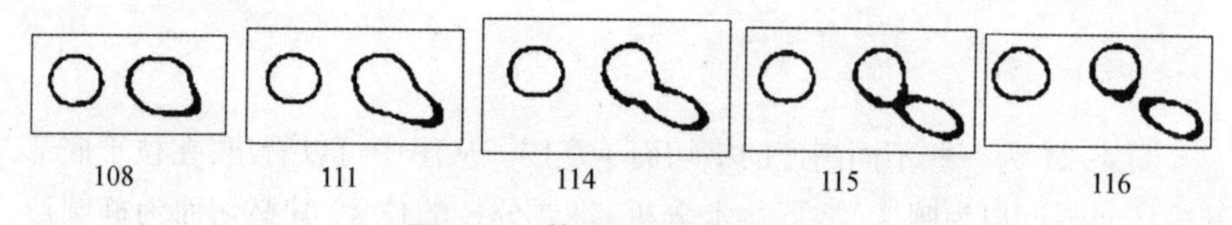

图 4-33　第二次分枝的过程图

图 4-34 为右边的枝干在高度为 127 时,完成第三次分枝,左边的枝干在高度为 128 时,完成第二次分枝。

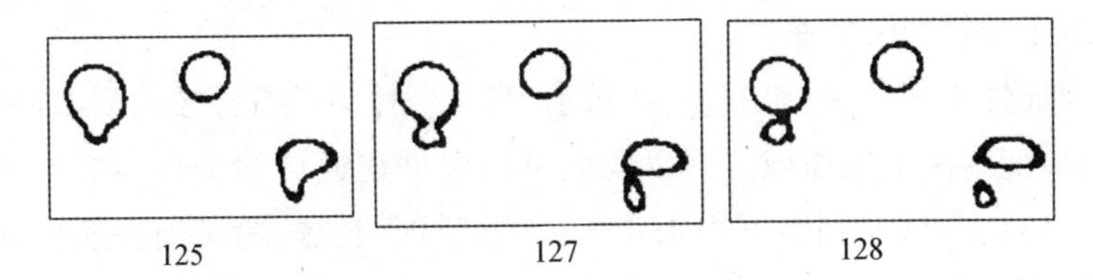

图 4-34　第二次与第三次分枝的过程图

图 4-35 右边的枝干在高度 131 时,第三次已分枝的枝干结束,左边枝干的第二次分枝在高度为 131 时,枝干分枝即将结束。

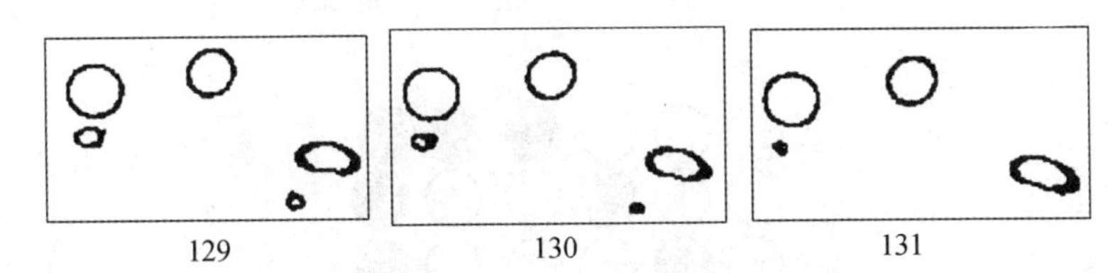

图 4-35　第二次与第三次分枝消失过程图

图 4-36 为枝干后续分枝及枝干结束的过程,在高度为 250 时,全部枝干分枝结束,这也是枝干的高度。

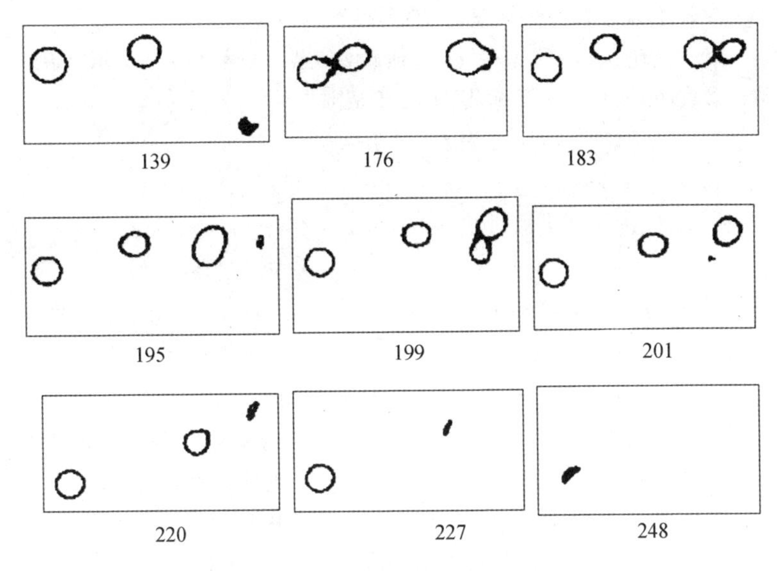

图 4-36　多次分枝与枝干结束的过程图

2. 枝干分枝判断方法

从连通性方面考虑,如图 4-32 所示,当一个枝干没有分枝前只有一个连通域,分枝后变为两个连通域。所以我们可以根据连通域的个数的增加,判断分枝位置。而连通域的判断可用 4.4.1 中的区域生长法,为了加快速度,区域生长过程全部在内存中进行,也就是使用二维数组表示点云数据投影图。另外,由于枝干的横截面大都是区域边界,为了遍历区域边界,需采用八邻域区域生长法。如图 4-37 所示,如果起始点为左边的灰色点,若上、下、左、右四邻域遍历,则其他黑色就不能够遍历;如果左上、上、右上、下、左、右、左下、右下八邻域遍历,则其右上与右下的两个点及右边所有黑色点都能够遍历。

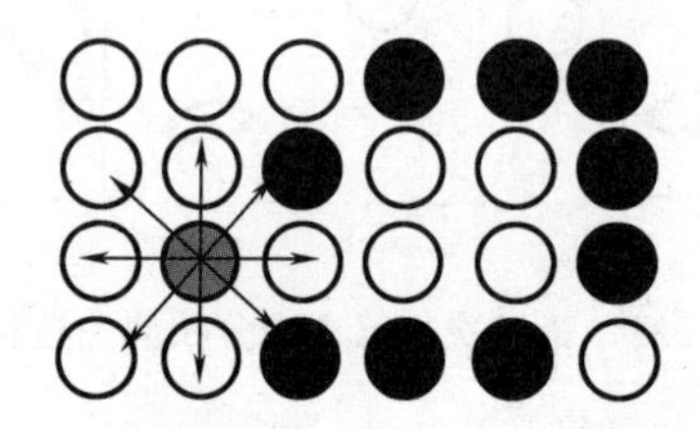

图 4-37　四邻域与八邻域遍历的区别示意图

八邻域区域生长函数设计如下:

```
//输入参数:(xz,yz)----区域生长的起点坐标
//            a[][]------存放点云横截面信息:0 表示无点,1 表示原始点
//输出参数:Rec-----枝干横截面的矩形范围
//            a[][]------2 表示已遍历的点
void Full8(int xz,int yz,int a[500][500],RECT &Rec)
{struct xy{int x,y;  struct xy *next; } *top, *node;
                                              //定义链栈结构
node=new xy;  node->x=xz,node->y=yz;node->next=NULL;
top=new xy; top->next=node;                  //初始点坐标入栈
Rec.left=Rec.right=xz, Rec.bottom=Rec.top=yz;
                                              //记录区域范围 Rec 的初值。
a[xz][yz]=2;                                  //初始点坐标标记遍历
while (top->next!=NULL)                       //栈非空
  { node=top->next,xz=node->x, yz=node->y,top->next=node->next;
                                              //出栈坐标
    if(a[xz-1][yz]==1)                        //如果其左邻点坐标值为 1,说明有
```

```
                                       //枝干
 { a[xz-1][yz]=2;                      //左邻坐标标记遍历
   node=new struct xy; node->x=xz-1, node->y=yz;
                                       //左邻坐标入栈
   node->next=top->next; top->next=node;
   if(r.left>xz-1)r.left=xz-1;         //记录左边界
 }
if(a[xz][yz+1]==1)                     //如果其上邻点坐标值为1,说明有
                                       //枝干
 { a[xz][yz+1]=2;                      //上邻坐标标记遍历
  node=new struct xy; node->x=xz, node->y=yz+1;
                                       //上邻坐标入栈
  node->next=top->next;top->next=node;
  if(r.bottom<yz+1)r.bottom=yz+1;
                                       //记录上边界
 }
if(a[xz+1][yz]==1)                     //如果其右邻点坐标值为1,说明有
                                       //枝干
 { a[xz+1][yz]=2;                      //右邻坐标标记遍历
  node=new struct xy;node->x=xz+1,node->y=yz;
                                       //右邻坐标入栈
  node->next=top->next;top->next=node;
  if(r.right<xz+1)r.right=xz+1;
                                       //记录右边界
 }
if(a[xz][yz-1]==1)                     //如果其下邻点坐标值为1,说明有
                                       //枝干
 { a[xz][yz-1]=2;                      //下邻坐标标记遍历
  node=new struct xy; node->x=xz,node->y=yz-1;
                                       //下邻坐标入栈
  node->next=top->next;top->next=node;
  if(r.top>yz-1)r.top=yz-1;            //记录下边界
 }
if(a[xz-1][yz-1]==1)                   //如果其左下邻点坐标值为1,说明
                                       //有枝干
```

```
    { a[xz-1][yz-1]=2;                    //左下邻坐标标记遍历
    node=new struct xy;node->x=xz-1, node->y=yz-1;
                                          //左下邻坐标入栈
    node->next=top->next; top->next=node;
    if(r.left>xz-1)r.left=xz-1;           //记录左边界
    if(r.top>yz-1)r.top=yz-1;             //记录下边界
    }
  if(a[xz-1][yz+1]==1)                    //如果其左上邻点坐标值为1,说明
                                          //有枝干
    { a[xz-1][yz+1]=2;                    //左上邻坐标标记遍历
    node=new struct xy;node->x=xz-1, node->y=yz+1;
                                          //左上邻坐标入栈
    node->next=top->next;top->next=node;
    if(r.bottom<yz+1)r.bottom=yz+1;
                                          //记录上边界
    if(r.left>xz-1)r.left=xz-1;           //记录左边界
    }                                     //上邻像素填色入栈
  if(a[xz+1][yz-1]==1)                    //如果其右下邻点坐标值为1,说明
                                          //有枝干
  { a[xz+1][yz-1]=2;                      //右下邻坐标标记遍历
    node=new struct xy; node->x=xz+1,node->y=yz-1;
                                          //右下邻坐标入栈
    node->next=top->next;top->next=node;
    if(r.right<xz+1)r.right=xz+1;
                                          //记录右边界
    if(r.top>yz-1)r.top=yz-1;             //记录下边界
  }
if(a[xz+1][yz+1]==1)                      //如果其右上邻点坐标值为1,说明
                                          //有枝干
  { a[xz+1][yz+1]=2;
    node=new struct xy; node->x=xz+1,node->y=yz+1;
                                          //右上邻坐标入栈
    node->next=top->next;top->next=node;
    if(r.bottom<yz+1)r.bottom=yz+1;
                                          //记录上边界
```

```
    if(r.right<xz+1)r.right=xz+1;
                                        //记录右边界
} }}
```

上述程序记录了单独枝干的横截面范围,如图 4-38 所示显示了不同高度的多个枝干的横截面矩形范围。在同一高度中,将落入同一个矩形范围的点云数据合并为一个分枝枝干。在相邻高度之间,如果一个矩形范围分为两个矩形,如图中高度 104 与 105 之间、高度 115 与 116 之间、高度 183 与 184 之间等都是分枝的高度,这里我们取前面的高度为分枝高度。

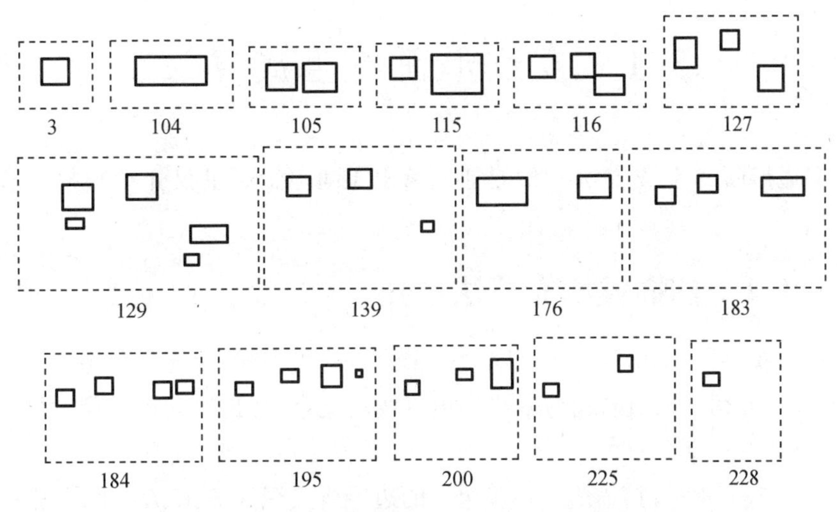

图 4-38　不同高度的多个枝干的横截面矩形范围示意图

图 4-39 为最后枝干分割的结果图,每个不同的分枝部分通过 HLList 类型成员 BYTE bz 进行标记。

图 4-39　枝干分割的结果图

第 5 章　三维点云数据植物器官重建

三维点云数据重建的方法有很多,本书采用均匀周期二次 B 样条曲面进行重建,其前提条件是点云数据转为四边网格。

5.1　多边形面的生成算法

多边形面的生成方法一般是进行多边形填充,这里仅介绍扫描线填充算法。

5.1.1　扫描线填充算法简介

扫描线(可以理解为一族间隔为一个像素的水平线)填充方法主要是按扫描线顺序,分别计算扫描线与多边形边界线的交点,得出区间内的像素坐标并进行填充。

如图 5-1 所示,扫描线 3 与多边形的边界线交于 A、B、C、D4 个点,把扫描线分为 5 个区间,其中,$[A,B]$和$[C,D]$两个区间落在多边形内,该区间内的像素应取多边形颜色,其他区间内的像素不进行处理。

5.1.2　扫描线填充步骤

如图 5-1 所示,扫描线 3 与多边形的 4 个交点 A、B、C、D 的顺序必须按沿 x 轴递增(或递减)顺序排列,才能得到区域内的 AB 与 CD 两个区域。

对于一条扫描线,填充分为以下 4 个步骤。

(1)求交点:计算扫描线与多边形各条边的交点;

(2)交点排序:把所有交点按沿 x 轴增顺排序;

(3)交点配对:交点两两配对,每对交点就代表扫描线与多边形的一个相交区间;

(4)区间填色:将相交区间内的像素置成多边形颜色。

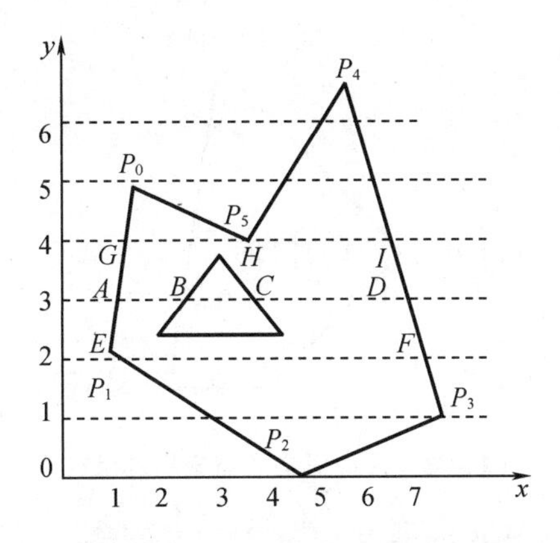

图5-1　多边形与若干扫描线示意图

由于点云数据最后生成的网格都是四边形，所以后面仅介绍四边形的填充。扫描线填充步骤可以简化为：

(1)求交点：计算扫描线与四边形的两个交点；

(2)交点排序：把两个交点按沿 x 轴增顺排序；

(3)区间填色：将交点区间内的像素置成多边形颜色。

5.1.3　扫描线填充四边形的程序设计

为了计算每条扫描线与四边形各边的交点，最简单的方法是把多边形的四个顶点放在数组中，在处理每条扫描线时，按顺序从数组中取出所有的边，分别与扫描线求交点。

1. 保存四边形顶点坐标

将四边形各顶点坐标存入数组 $x[i]$、$y[i]$(i=0, 1,2,3)中，为了使四边形形成封闭区域，最后一个顶点与 i=0 时顶点相同，如图5-2所示。

2. 确定扫描线的范围

扫描线在多边形的范围内才能与多边形各边有交点，即扫描线与多边形边交点的范围是多边形顶点 y 的最值。

```
ymin=y[0]; ymax=y[0];
for(int i=1; i<n; i++)
{  if (y[i] < ymin) ymin=y[i];
   if (y[i] > ymax) ymax=y[i];
}
```

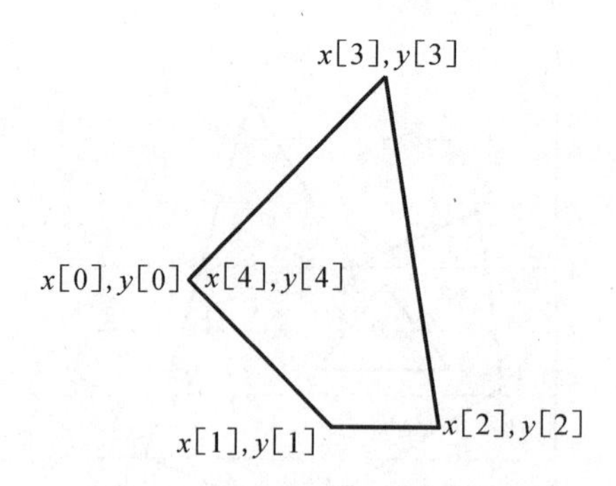

图 5-2 四边形各顶点坐标的保存

3. 计算扫描线与四边形的交点

如图 5-3 所示,扫描线 h 与边的交点的条件是 $(h-y[i])(h-y[i+1])<0$。

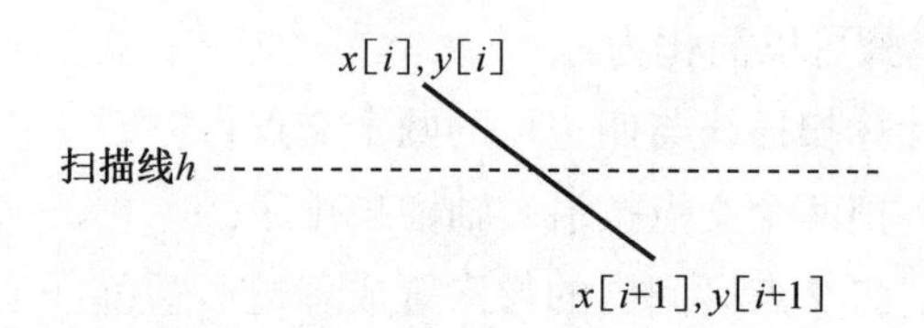

图 5-3 扫描线与边相交示意图

可使用线性插值方法,计算交点 x 的坐标值,存入另一个数组中,交点的 y 坐标值 yy 就是扫描线 h。

```
if ((h-y[i]) * (h-y[i+1]) <0)
  xd[k]=x[i]+(x[i+1]-x[i]) * (yy-y[i])/(y[i+1]-y[i]);
```

4. 交点排序

将两个交点中 x 较小放在前面:

```
if(xd[0]>xd[1])
  t=xd[0],xd[0]=xd[1],xd[1]=t;
```

5. 填充扫描线,通过画点实现:

```
for(int xx=xd[0];xx<=xd[1];xx++)
  pDC->SetPixel(xx,yy,RGB(r,g,b));
```

扫描线填充四边形的函数设计如下:

```
//输入参数 x[],y[]----封闭四边坐标
//r、g、b----颜色值
//输出参数----无
```

```
void FullPlane(CDC *pDC,float x[],float y[],float z[],BYTE r,BYTE
g,BYTE b)
{int ymin,ymax,i,k,j,h, xd[3],t;
ymin=y[0],ymax=y[0];
for(i=1;i<4;i++)
  { if(y[i]<ymin)ymin=y[i];
    if(y[i]>ymax)ymax=y[i];                //计算扫描线范围
  }
for(h=ymin;h<=ymax;h++)                    //扫描线循环
  { k=0;
  for(i=0;i<4;i++)                         //四边形边循环
    if((h-y[i])*(h-y[i+1])<0)
      xd[k++]=x[i]+(x[i+1]-x[i])*(h-y[i])/(y[i+1]-y[i]);
                                           //求交点
    if(k==2)                               //有两个交点
      { if(xd[0]>xd[1])
        t=xd[0],xd[0]=xd[1],xd[1]=t;
      }
    else continue;
  for(j=xd[0];j<=xd[1];j++)                //交点内填充
    pDC->SetPixel(j,h,RGB(R,G,B));
  }
}
```

5.2　真实感平面生成

真实感图形处理主要包括光照、消隐、纹理、透明、阴影等,本节重点介绍前两种。

5.2.1　简单光照模型

光照射到物体表面会发生反射、透射或吸收,其中,反射或透射的光才使物体可见。如果所有的光均被物体吸收,则物体呈现黑色;如果光末被吸收,则物体呈白色。所以物体的颜色取决于光有没有被吸收。

从物体表面反射出来的光的性质由光源与物体决定,其中光源包括位置、形状和成分等;物体包括位置、表面朝向和表面性质等。本书仅介绍简单的光照模型,只考虑反射光的作用,且假定光源为点光源、物体是非透明的(透射光忽略不计)、不考虑物体间反射光的精确计算(用环境光代替)。简单光照模型物体表面的反射光又可分为漫反射光和镜面反射光。

1. 漫反射光

漫反射光主要出现在粗糙、无光泽的物体表面。漫反射光可以认为是光穿过物体表面并被吸收,然后又重新发射出来的光。漫反射光均匀地散布在各个方向,因此,从任何角度观察这种表面都有相同的亮度。

漫反射光的计算公式如下:

$$I_d = I_t K_d \cos\theta \quad 0 \leqslant \theta \leqslant \frac{\pi}{2} \tag{5-1}$$

式中,I_d 为漫反射光光强;I_t 为点光源发出的入射光光强;K_d 为漫反射系数($0 \leqslant K_d \leqslant 1$),取决于物体表面的特性;$\theta$ 为入射光 L 与表面法线 n 之间的夹角。

漫反射光示意图如图 5-4 所示。

图 5-5 显示了不同参数的漫反射效果图,图中正方形平面长度为 100 个像素单位,平面法向量指向用户,图 5-5(a)与图 5-5(c)中的光源在平面中点法向量(指向用户)方向 100 个像素单位处,图 5-5(b)与图 5-5(d)中的光源在平面左下角法向量(指向用户)方向 100 个像素单位处。可以看出,漫反射系数越大,亮度越大,在光线垂直表面的位置处亮度最大(即 $\theta=0$)。

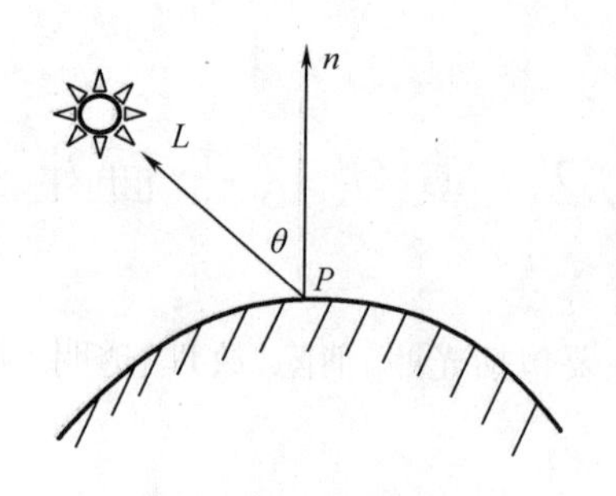

图 5-4 漫反射示意图

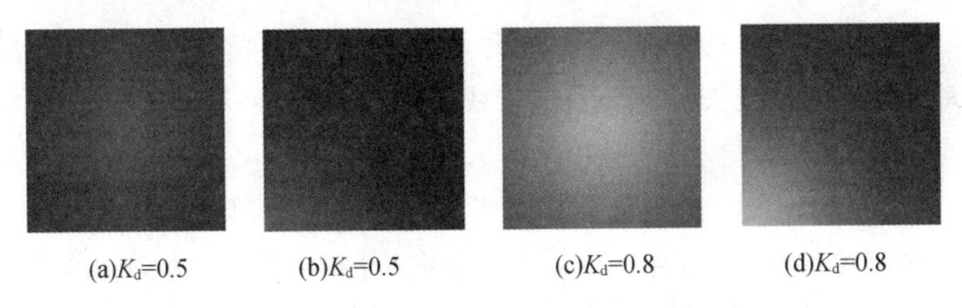

图 5-5　漫反射效果图

2. 环境光

如果物体没有受到点光源直接照射,物体应该呈现黑色,但在实际场景中,物体还会接收到从周围环境物体散射出来的合成光,称为环境光。有如下计算公式:

$$I_e = I_a K_a \tag{5-2}$$

式中,I_e 为环境光的漫反射光强;I_a 为入射的环境光光强;K_a 为环境光的漫反射系数。

图 5-6 显示了漫反射与环境光的效果图,与图 5-5 相比,图中平面上的光强因环境光影响总体增强。

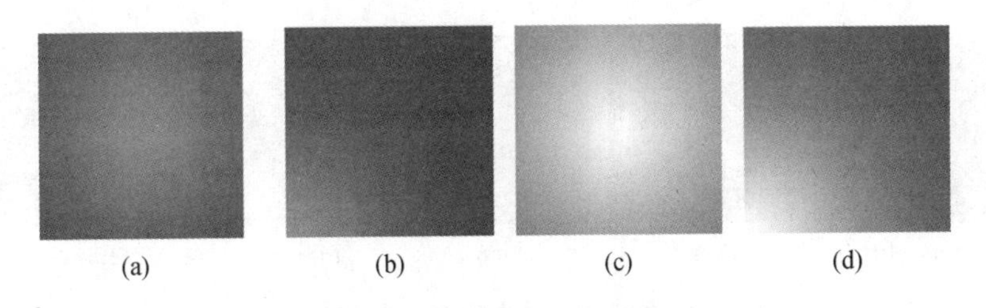

图 5-6　漫反射与环境光效果图

3. 镜面反射光

镜面反射主要体现在光滑的物体表面,理想情况下,反射角等于入射角,且只有在反射角角度上观察才能看到反射光。如图 5-7 所示,视线矢量 $\boldsymbol{S}$ 将与反射光矢量 $\boldsymbol{R}$ 重合,即 α 等于 0°。对于非理想反射表面,到达观察者的光取决于镜面反射光的空间分布,光滑表面上反射光的空间分布会聚性较好,而粗糙表面反射光将散射开去。在发亮的物体表面上,常能看到高光,这是由于镜面反射光沿反射方向会聚的结果。

镜面反射光常采用如下模型:

$$I_s = I_t K_s \cos^n \alpha \tag{5-3}$$

式中，I_s 为镜面反射光光强；I_t 为点光源发出的入射光光强；K_s 为镜面反射常数，$0\leqslant K_s\leqslant 1$；$\alpha$ 为视线矢量 $\boldsymbol{S}$ 与反射光线矢量 $\boldsymbol{R}$ 的夹角；n 为幂次，用以模拟反射光的空间分布，表面越光滑，n 越大。

图 5-7 是镜面反射效果图，图中点光源在平面左下角法向量（指向用户）方向 100 个像素单位处，视点在平面右上角法向量（指向用户）方向 100 个像素单位处，图中的中心光强区是镜面反射光，左下角光强区是漫反射光强。从图 5-8(a) 到图 5-8(e)，镜面反射的幂次 n 逐渐变小，平面的光滑程度由强到弱。

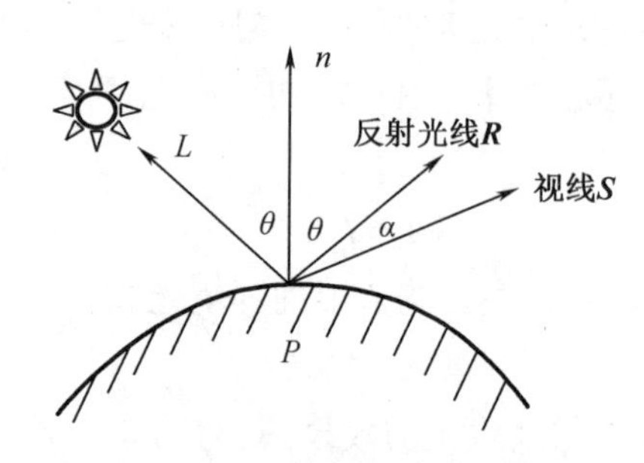

图 5-7　镜面反射示意图

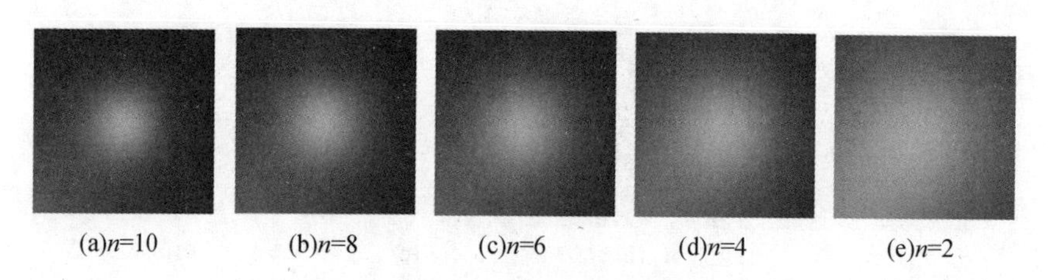

图 5-8　镜面反射效果图

将上述环境光、漫反射和镜面反射结合在一起，得到简单的光照模型如下：

$$I=I_e+I_d+I_s=I_aK_a+I_t(K_d\cos\theta+K_s\cos^n\alpha) \tag{5-4}$$

如果存在 m 个点光源，可将它们的效果线性叠加，此时光照模型为

$$I=I_aK_a+\sum_{i=1}^{m}I_i(K_d\cos\theta_i+K_s\cos_i^n\alpha_i) \tag{5-5}$$

4. 简单光照模型的计算

根据图 5-4 与图 5-7 中所示的各矢量的几何关系，由两矢量的点积公式，可得

$$\cos\theta=\frac{\boldsymbol{n}\cdot\boldsymbol{L}}{|\boldsymbol{n}||\boldsymbol{L}|}$$

$$\cos\alpha=\frac{\boldsymbol{R}\cdot\boldsymbol{S}}{|\boldsymbol{R}||\boldsymbol{S}|} \tag{5-6}$$

在三维空间中,由于反射光 $\boldsymbol{R}$ 较难确定,可使用下面公式,近似计算:

$$I=I_aK_a+I_t\left[K_d\cdot\frac{n\cdot L}{|n||L|}+K_s\left(\frac{\boldsymbol{R}\cdot\boldsymbol{S}}{|\boldsymbol{R}||\boldsymbol{S}|}\right)^n\right]$$

$$\approx I_aK_a+I_t\left[K_d\cdot\frac{n\cdot L}{|n||L|}+K_s\left(\frac{H\cdot n}{|H||n|}\right)^n\right] \tag{5-7}$$

$$H=L+S$$

5. 法向量计算

计算某点的光强需要计算该点的法向量。对于一个多边形面块,顺序取出 3 个顶点的 (x,y,z) 坐标,由下式计算法向量:

$$a=(y_2-y_1)(z_3-z_1)-(y_3-y_1)(z_2-z_1)$$

$$b=(z_2-z_1)(x_3-x_1)-(z_3-z_1)(x_2-x_1)$$

$$c=(x_2-x_1)(y_3-y_1)-(x_3-x_1)(y_2-y_1) \tag{5-8}$$

相应的程序函数如下:

```
//计算平面单位法向量函数 vector
//输入参数:x[ ],y[ ],z[ ]----平面三个顶点坐标
//输出参数:(a,b,c)--------平面的单位法向量
void vector(int x[ ], int y[ ], int z[ ], float &a,float &b, float &c)
{
  a=(y[1] - y[0]) * (z[2] - z[0]) - (y[2] - y[0]) * (z[1] - z[0]);
  b=(z[1] - z[0]) * (x[2] - x[0]) - (z[2] - z[0]) * (x[1] - x[0]);
  c=(x[1] - x[0]) * (y[2] - y[0]) - (x[2] - x[0]) * (y[1] - y[0]);
  float nn=(sqrt(a * a +b * b +c * c));
  a=a/nn; b=b/nn; c=c/nn;
}
```

前面介绍的简单光照模型主要是计算光强,而在画点函数中,控制颜色的是 RGB,如何通过光强控制颜色的亮与暗,需要进行颜色模型转换。

5.2.2　颜色模型

在前面的四边形填充程序中,增加计算每个像素光强函数,就可得到具有不同光照的多边形面的效果。前面介绍画点的颜色是由 RGB 三原色控制的,与光强没有直接联系,因此,需要进行颜色模型转换。颜色模型主要有 RGB、

HSI、HSV、CHL、LAB、CMY、XYZ、YUV 等,这里仅介绍两种颜色模型,即 RGB 与 HSI。

1. RGB 颜色模型

RGB(Red, Green, Blue)颜色模型也被称为与设备相关的颜色模型。RGB 颜色模型所覆盖的颜色域取决于显示设备荧光点的颜色特性,即与硬件相关。

RGB 采用三维直角坐标系,红、绿、蓝原色是加性原色,各个原色混合在一起可以产生复合色。RGB 颜色模型通常采用图 5-9 所示的单位立方体来表示。在正方体的主对角线上,各原色的强度相等,产生由暗到明的白色,也就是不同的灰度值,图中设置(0,0,0)为黑色,(1,1,1)为白色,也可设置其他值,如(255,255,255)为白色等。正方体的其他六个角点分别为红、黄、绿、青、蓝和品红。

2. HSI 颜色模型

HSI 颜色模型是从人的视觉系统出发,用色调、色饱和度和亮度来描述色彩的模型,色调主要表示颜色,饱和度表示颜色的鲜明程度,亮度表示明亮程度,也就是前面提到的光强。与 RGB 色彩空间相比,HSI 颜色模型更符合人的视觉特性。

HSI 颜色模型可用圆柱表示,如图 5-10 所示,也可以用圆锥表示。色调 H 用角度表示,0°表示红色;120°表示绿色;240°表示蓝色。饱和度 S 用半径长度表示,$S=0$,表示颜色最暗,即无色;$S=1$,表示颜色最鲜艳。亮度 I 用高度表示,沿高度方向逐渐变化,底处 $I=0$,表示黑色;顶处 $I=1$,表示白色(也可以用其他值)。

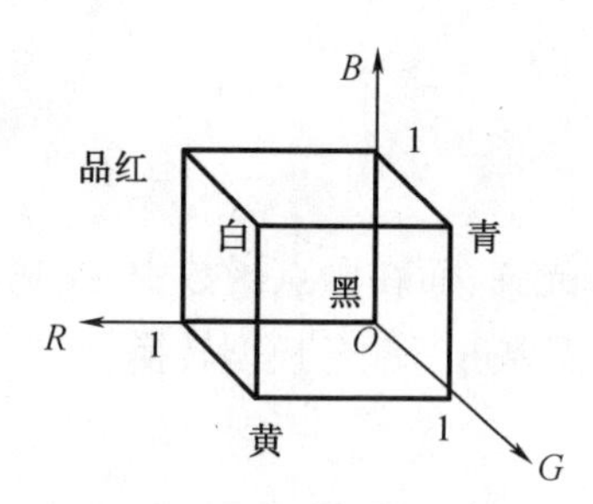

图 5-9 RGB 颜色模型

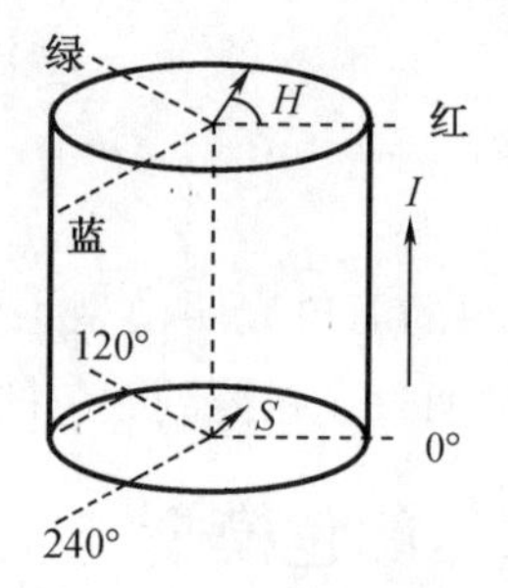

图 5-10 HSI 颜色模型

3. RGB 与 HSI 之间的关系

对任何 3 个[0, 1]范围内的 R、G、B 值,其对应 HSI 模型中的 I、S、H 分量的

计算公式为

$$I=\frac{1}{3}(R+G+B)$$

$$S=I-\frac{3}{(R+G+B)}[\min(R,G,B)]$$

$$H=\arccos\left\{\frac{[(R-G)+(R-B)]/2}{[(R-G)^2+(R-B)(G-B)]^{1/2}}\right\} \tag{5-9}$$

转换函数程序如下：

```
//RGB 转 HSI 的函数 RGB _HSI
//输入参数:r,g,b-----RGB 三分量值(0~255)
//输出参数:h,s,i-----HSI 三分量值(h:0~2π,s: 0~1,i: 0~255)
void  RGB_HSI(float r,float g, float b,float &h, float &s, float &i)
{float m;
r=r/255.0,g=g/255,b=b/255;
i=(r +b +g) /3 ;
if(b<=r&&b<=g)m=b;
else if(r<=b&&r<=g)m=r;
else if(g<=b&&g<=r)m=g;
s=1-3.0*m/(r+g+b);
h=acos((2*r-g-b)/2/sqrt((r-g)*(r-g)+(r-b)*(g-b)));
if(b>g)h=6.28-h;
i=i*255;
}
```

假设 S、I 的值在[0,1]之间，R、G、B 的值也在[0,1]之间，(分成 3 段以利用对称性)则 HSI 转换为 RGB 的公式为

$$B=I(1-S)$$

$$R=I\left[1+\frac{S\cos H}{\cos(60^\circ-H)}\right] \quad H\in[0^\circ,120^\circ]$$

$$G=3I-(B+R)$$

$$R=I(1-S)$$

$$G=I\left[1+\frac{S\cos(H-120^\circ)}{\cos(180^\circ-H)}\right] \quad H\in[120^\circ,240^\circ]$$

$$B=3I-(R+G)$$

$$G=I(1-S)$$

$$B=I\left[1+\frac{S\cos(H-120^\circ)}{\cos(300^\circ-H)}\right] \quad H\in[240^\circ,360^\circ]$$

$$R=3I-(G+B) \tag{5-10}$$

转换函数的程序如下：

```
//HIS 转 RGB 的函数 HSI_RGB
//输入参数:h,s,i——HSI 三分量值(h:0~2π,s: 0~1,i: 0~255)
//输出参数:r,g,b——RGB 三分量值(0~255)
void  HSI_RGB (float h, float s, float i, float &r,float &g, float &b)
{ float p=(float)(3.14/180);
if (h >=0 && h <=120 * p)
  { b=(int)( i * (1 - s));
  r=(int)(i * (1 +s * cos(h) /cos(60 *p- h)));
  g=(int)(3 * i - (b +r));
  }
else if (h >=120 * p && h <=240 * p )
  { r=(int)(i * (1 - s));
  g=(int)(i * (1 +s * cos(h - 120 *p) /cos(3.14 - h)));
  b=(int)(3 * i - (g +r));
  }
else if (h >=240 * p && h <=360 * p )
  {g=(int)(i * (1 - s));
  b=(int)( i * (1 +s * cos(h - 240 * p) /cos(300 * p - h)));
  r=(int)( 3 * i - (g +b));
  }
if(r<0)r=0;
if(g<0)g=0;
if(b<0)b=0;
if(r>255)r=255;
if(g>255)g=255;
if(b>255)b=255;
}
```

5.2.3 光照平面的算法

一般情况下是用户给定物体的 HSI 中的色调值 H 和饱和度 S，而亮度 I(或光强)值通过现场环境进行计算。在设备上输出图形时,一般要转为 RGB 值。

在前面扫描线填充四边形的函数中添加三维坐标并计算光强,可得到如图 5-5 及图 5-8 所示的带光照的平面。

计算平面正投影后每个像素漫反射光强算法如下:

```
//计算平面系数 a,b,c,d;
//计算扫描线范围 ymin、ymax
for(y=ymin;y<=ymax;y++)
{ 计算扫描线 y 与边的交点
  for(交点内像素点的 x)
  {  计算光源与法向量的夹角余弦
     I=Ip Kp cos(θ)
     HSI 转为 RGB,
     在(x,y)处写颜色为 RGB 点
  }
}
```

5.2.4　消隐处理

1. Roberts 算法

Roberts 算法是非常闻名的消隐算法,这里只介绍其中的一种方法,即对自身隐藏面的消除,该方法不能消除其他物体或其他部分对自身的遮挡情况,而且这种方法还只适用凸面体。因此,该方法可应用在消隐的初期。该算法的特点是数学处理简单、精确及适用性强。

具体过程如下:

①计算平面法向量(a,b,c);

②确定不可见面。

设投影方向为(X_p,Y_p,Z_p),那么$(a,b,c)\cdot(X_p,Y_p,Z_p)>0$ 时,面块的法向量与投影方向的夹角小于 90°,此面为自隐藏面,是不可见面,在绘图时,此面不绘制。在正投影中,投影方向一般为(0,0,-1)或(0,0,1),因此,只需判定当 $c>0$ 或 $c<0$ 时,该面块是不可见面,否则为可能的可见面,但是该面存在被其他物体遮挡的可能。

2. *Z* 缓冲器算法

Z 缓冲器算法又称深度缓冲器算法,它是一种简单的隐藏面消除算法。该算法最早由 Catmull 提出,算法的基本思想是对于屏幕上的每个像素,记录下位

于此像素内最靠近观察者的一个像素的 Z(深度)值和亮度值。如图 5-11 所示,通过屏幕上(投影面)任一像素(x,y),引平行 Z 轴的射线交物体表面于点 P_1、P_2、P_3,则 P_1、P_2、P_3 为物体表面上对应于像素(x,y)的点,P_1、P_2、P_3 的 Z 值称为该点的深度。P_3 的 Z 值最大,离观察者最近,其深度 Z 值和亮度值将被保存下来。算法在实现上增加一个 Z 缓冲器,用于存放图像空间中每一可见像素相应的深度或 z 坐标。由此可见该算法较适用于正投影。

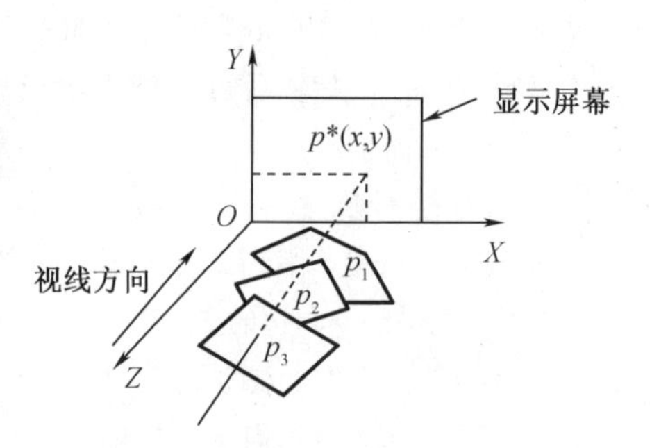

图 5-11　深度(Z)值示意图 1

Z 缓冲器算法描述如下:

```
//缓冲区中各位置 Z 赋最小值
//将物体各多边形进行相应的几何变换
for (多边形面)
  {  计算多边形平面方程系数(a,b,c,d)
    for (扫描线)
      {for(扫描线上多边形中所有像素)
        {      求像素的 z 值
          If ( z > 缓冲区中相应位置 Z )
              { 缓冲区中相应位置 Z 用 z 代替
            该像素置该多边形颜色
              }
        }
      }
  }
```

Z 缓冲器算法的最大优点在于简单,它可以方便地处理隐藏面以及显示复杂曲面之间的交线。画面可以任意、复杂,因图像空间大小固定,计算量随画面复杂度线性增长。由于扫描多边形无次序要求,故无须按深度优先级排序。Z 缓冲器算法的缺点是需占用大量存储单元。

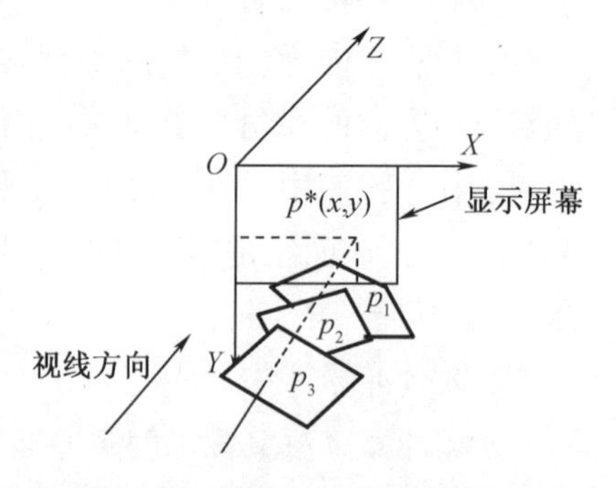

图 5-12　深度(Z)值示意图 2

如图 5-12 所示,在此坐标系下(通常是显示器的默认坐标系），P_3 的 Z 值最小，离观察者最近，算法描述改为如下：

```
//缓冲区中各位置 Z 赋最大值
//将物体各多边形进行相应的几何变换
for (多边形面)
{  计算多边形平面方程系数(a,b,c,d)
  for (扫描线)
    {for(扫描线上多边形中所有像素)
      {     求像素的 z 值
        If ( z < 缓冲区中相应位置 Z )
          { 缓冲区中相应位置 Z 用 z 代替该像素置该多边形颜色
          }
      }
    }
}
```

Z 缓冲器定义如下：

```
float zuff[5000][5000];
```

Z 缓冲器的初始化函数如下：

```
void zuff_init(int n)
{for(int i=0;i<n;i++)
  for(int j=0;j<n;j++)
    zuff[i][j]=32767;                    //显示器的默认坐标系
}
```

修改前面四边形平面的填充函数就是真实感四边平面的绘制（只计算漫反射）。

```
//输入参数 x[],y[],z[]----封闭四边平面坐标
//Lx,Ly,Lz---------------点光源位置
//It,Kd------------------光源强度和漫反射系数
//H、S-------------------平面色调与饱和度
//输出参数----------------无
void FullRealSmall(CDC *pDC,float x[],float y[],float z[],int Lx,
int Ly,int Lz,int It,float Kd,int Ie,float H,float S)
{int ymin,ymax,i,k,j,h,m,xd[10],t,I,R,G,B;
float a,b,c,d,zz,vx,vy,vz,cos1;
vector(x,y,z,a,b,c),  d=-(a*x[0]+b*y[0]+c*z[0]);
```

```
                                          //计算平面系数
ymin=y[0],ymax=y[0];
for(i=1;i<4;i++)
  { if(y[i]<ymin)ymin=y[i];
  If(y[i]>ymax)ymax=y[i];
  }                                       //扫描线范围
for(h=ymin;h<=ymax;h++)                   //扫描线循环
  { k=0;
  for(i=0;i<n;i++)                        //多边形边循环
    if((h-y[i])*(h-y[i+1])<0)
      xd[k++]=x[i]+(x[i+1]-x[i])*(h-y[i])/(y[i+1]-y[i]);
                                          //求交点
    if(k==2)                              //有两个交点
      { if(xd[0]>xd[1])
        t=xd[0],xd[0]=xd[1],xd[1]=t;
      }
    else continue;
  for(j=xd[0];j<=xd[1];j++)               //交点内填充
    {zz=-(a*j+b*h+d)/c;                   //计算填充点深度
    if(zz<zuff[j][h])
      { zuff[j][h]=zz; vx=Lx-j,vy=Ly-h,vz=Lz-zz;
      cos1=(vx*a+vy*b+vz*c)/sqrt(vx*vx+vy*vy+vz*vz);
                                          //夹角余弦
      I=It*Kd*cos1+Ie;                    //计算光强
      if(I<0)I=0;
      if(I>255)I=255;
      HSI_RGB(H,S,I,R,G,B);               //模型转换
      pDC->SetPixel(j,h,RGB(R,G,B));
      }
    }
  }
}
```

5.3　真实感曲面生成

5.3.1　网格曲面

1. 曲面参数方程

三维曲面参数方程表示如下：

$$x=x(u,v)$$
$$y=y(u,v)\qquad (u_1\leqslant u\leqslant u_2, v_1\leqslant v\leqslant v_2)\tag{5-11}$$
$$z=z(u,v)$$

三维曲面的参数方程有 u 和 v 两个参数，分别表示两个方向的曲线，如图 5-13 所示。

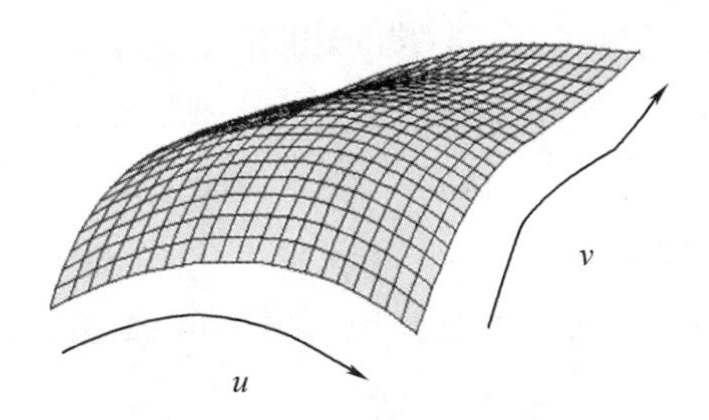

图 5-13　三维参数曲面示意图

2. 旋转曲面

如图 5-14 所示，在一个直角坐标系中，已知一条母线 Q 及母线的参数方程（参数为 u）：

$$x=x(u)$$
$$y=y(u)$$
$$z=0$$

母线 Q 上一点 $p(x,y,0)$ 旋转到 p' 点为 $(x,'y',z')$，旋转角度为 v。旋转后的点坐标可一为

$$x'=x\cos(v)$$
$$y'=y$$
$$z'=x\sin(v)\tag{5-12}$$

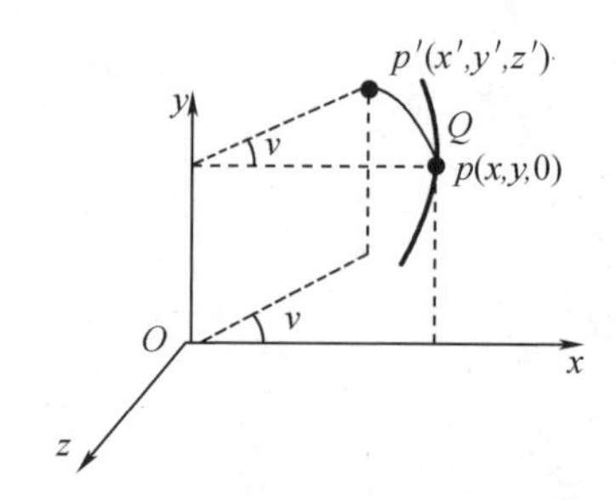

图 5-14　旋转曲面推导示意图

将母线方程代入上式,可以得到旋转曲面的参数方程:

$$x=x(u)cos(v)$$
$$y=y(u)$$
$$z=x(u)\sin(v) \tag{5-13}$$

不同的母线旋转可得到不同的曲面。

母线为圆心在原点、半径为 r 半圆的球面参数方程为

$$\begin{aligned} x'(u,v) &= r\cos(u)\cos(v) \quad -\pi/2<u<\pi/2 \\ y'(u,v) &= r\sin(u) \quad 0<v<2\pi \\ z'(u,v) &= r\cos(u)\sin(v) \end{aligned} \tag{5-14}$$

母线为圆心在 (x_0, y_0)、半径为 r 小圆的圆环参数方程为

$$\begin{aligned} x' &= (x_0+r\cos u)\cos v \\ y' &= y_0+r\sin u \quad 0\leqslant u\leqslant 2\pi \\ z' &= (x_0+r\cos u)\sin v \quad 0\leqslant v\leqslant 2\pi \end{aligned} \tag{5-15}$$

母线为高度为 h、与 Y 轴距离为 r 垂直直线的圆柱参数方程为

$$\begin{aligned} x' &= r\cos v \\ y' &= hu \quad 0\leqslant u\leqslant 1 \\ z' &= r\sin v \quad 0\leqslant v\leqslant 2\pi \end{aligned} \tag{5-16}$$

还有母线为斜线的圆锥或圆台面、母线为半椭圆的椭球面等,如图 5-15 所示。

需要说明的是,前面旋转面都是绕 Y 轴旋转,如果绕其他轴旋转,则旋转面参数方程需要做相应变化。

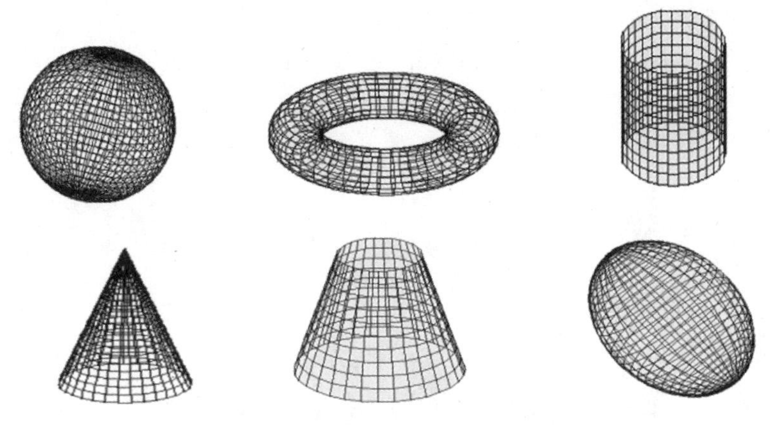

图 5-15　多种旋转曲面示意图

3. 旋转网格曲面的生成

从图 5-15 可以看出,曲面可以看成由许多四边小平面组成。如图 5-16 所示,对于一个网格曲面,设某一个小平面的一个点参数(u,v)设为(u_0,v_0),代入曲面的参数方程可求坐标点(x_0,y_0,z_0);在 u 方向的一个增量点(u+du,v)设为(u_1,v_1),代入曲面的参数方程可求坐标点(x_1,y_1,z_1);在 u 方向的一个增量点和 v 方向的一个增量点(u+du,v+dv)设为(u_2,v_2),代入曲面的参数方程可求坐标点(x_2,y_2,z_2);在 v 方向的一个增量点(u,v+dv)设为(u_3,v_3),代入曲面的参数方程可求坐标点(x_3,y_3,z_3)。当循环整个曲面的 u、v 值,就可求出曲面中所有四边面并进行绘制。

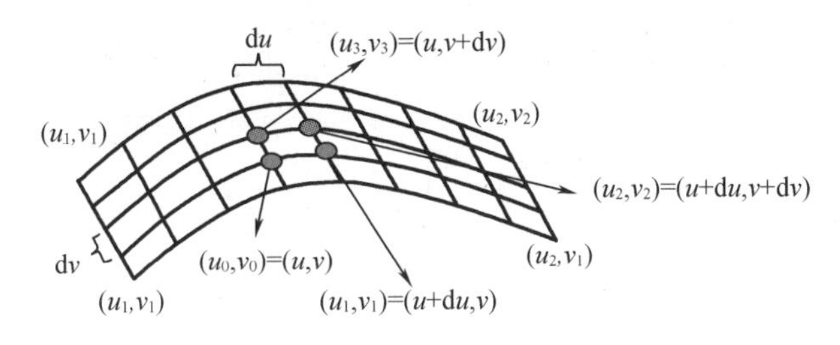

图 5-16　网格曲面绘制示意图

下面以绘制网格球面为例,介绍程序设计(其他曲面生成类似)。在绘制网格球面之前,先设计计算球面上任一点的函数如下:

```
//输入参数 x0,y0,z0----球心坐标
//          r ----------球半径
//          u、v---------球面参数
```

```
//输出参数 x,y,z-------球面上的坐标
void Sphere(int x0,int y0,int z0,int r,float u,float v,float &x,
float &y,float &z)
{ x=x0+r*cos(u)*cos(v);
  y=y0+r*sin(u);
  z=z0+r*cos(u)*sin(v);
}
```

绘制网格球面的函数设计如下：

```
//输入参数 pDC---------设备环境指针
//        x0,y0,z0 ----球心坐标
//        r-----------球半径
//        du、dv-------球面网格参数间隔
//        dx、dy-------平移量
//输出参数 无
void SphereFace(CDC *pDC,int x0,int y0,int z0,int r, float du,float
dv,int dx,int dy)
{ float U[4],V[4],x[5],y[5],z[5];
  for(float u=-1.57;u<=1.57;u=u+du)
    for(float v=0;v<=6.28;v=v+dv)
      { U[0]=u,V[0]=v, U[1]=u+du, V[1]=v, U[2]=u+du, V[2]=v+dv,
U[3]=u, V[3]=v+dv;
        for(int i=0;i<4;i++)
          Sphere(x0,y0,z0,r, U[i],V[i],x[i],y[i],z[i]);
                                   //计算球面上小四边面的顶点坐标
        x[4]=x[0],y[4]=y[0];       //封闭四边形
        pDC->MoveTo(x[0]+dx,y[0]+dy);
        for(i=1;i<=4;i++)
          pDC->LineTo(x[i]+dx,y[i]+dy);
      }
}
```

图 5-16(a)是绘制球面网格的结果图。由于球面比较正,三维效果不太好,可以对球面进行旋转变换,生成正轴侧投影图。在程序中添加调用绕坐标轴旋转函数,程序如下：

```
void SphereFace(CDC *pDC,int x0,int y0,int z0,int r, float du,float
dv,int dx,int dy, float cx,float cy,float cz)
```

```
  { float U[4],V[4],x[5],y[5],z[5],xx[5],yy[5],zz[5];;
   for(float u=-1.57;u<=1.57;u=u+du)
     for(float v=0;v<=6.28;v=v+dv)
       { U[0]=u,V[0]=v, U[1]=u+du, V[1]=v, U[2]=u+du, V[2]=v+dv,
U[3]=u, V[3]=v+dv;
         for(int i=0;i<4;i++)
           Sphere(x0,y0,z0,r, U[i],V[i],x[i],y[i],z[i]),
                                    //计算球面上小四边面的顶点坐标
           RevolveX(cx,x[i],y[i],z[i],xx[i],yy[i],zz[i]),
                                    //绕 X 轴旋转
           RevolveY(cy,xx[i],yy[i],zz[i],x[i],y[i],z[i]),
                                    //绕 Y 轴旋转
           RevolveZ(cz,x[i],y[i],z[i],xx[i],yy[i],zz[i]);
                                    //绕 Z 轴旋转
         xx[4]=xx[0],yy[4]=yy[0];     //封闭四边形
         pDC->MoveTo(xx[0]+dx,yy[0]+dy);
       for(i=1;i<=4;i++)
         pDC->LineTo(xx[i]+dx,yy[i]+dy);
       }
  }
```

结果如图 5-17(b)、图 5-17(c)所示,可以看出,三维效果相对明显,这两个球面是不同参数增量 du、dv 的效果图。

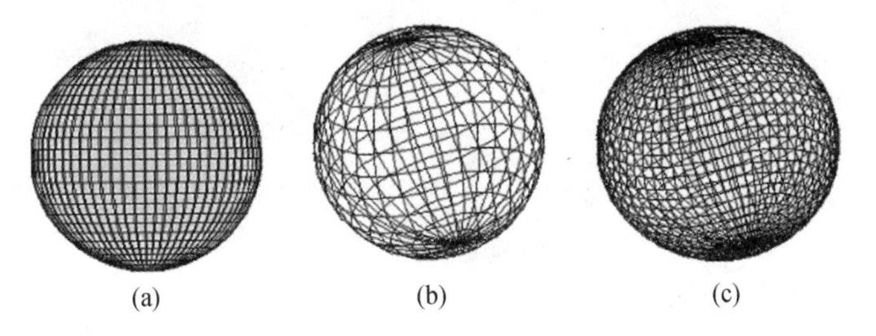

(a)　(b)　(c)

图 5-17　球面网格曲面示意图

5.3.2　光照曲面

由于网格曲面都可转化为四边形网格,所以可循环调用前面的真实感四边平面函数的绘制。

```
    void SphereRealFace(CDC *pDC,int x0,int y0,int z0,int r, float du,
float dv,int dx,int dy, float cx,float cy,float cz
    int Lx,int Ly,int Lz,int It,float Kd,int Ie,float H,float S)
    { float U[4],V[4],x[5],y[5],z[5],xx[5],yy[5],zz[5];;
      for(float u=-1.57;u<=1.57;u=u+du)
        for(float v=0;v<=6.28;v=v+dv)
          { U[0]=u,V[0]=v, U[1]=u+du, V[1]=v, U[2]=u+du, V[2]=v+dv,
U[3]=u, V[3]=v+dv;
            for(int i=0;i<4;i++)
              Sphere(x0,y0,z0,r, U[i],V[i],x[i],y[i],z[i]),
                                        //计算球面上小四边面的顶点坐标
              RevolveX(cx,x[i],y[i],z[i],xx[i],yy[i],zz[i]),
                                        //绕 X 轴旋转
              RevolveY(cy,xx[i],yy[i],zz[i],x[i],y[i],z[i]),
                                        //绕 Y 轴旋转
              RevolveZ(cz,x[i],y[i],z[i],xx[i],yy[i],zz[i]);
                                        //绕 Z 轴旋转
            xx[4]=xx[0],yy[4]=yy[0];        //封闭四边形
            FullRealSmall(pDC, xx,yy,zz,Lx,Ly,Lz,It,Kd, Ie,H,S);
          }
    }
```

图 5-18 为球面及其他曲面带光照的效果示意图。

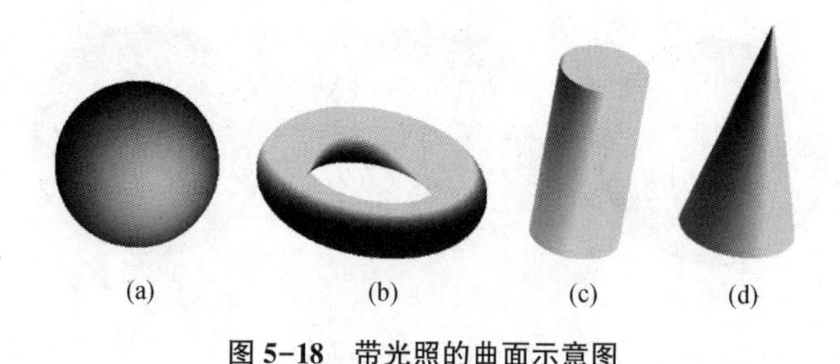

(a) (b) (c) (d)

图 5-18 带光照的曲面示意图

5.4　B 样条曲面生成

介绍 B 样条曲面之前先介绍 B 样条曲线。

5.4.1　B 样条曲线

1. B 样条曲线定义

B 样条曲线是由 Gordon 和 Riesenfeld 在 1972 年提出的，它是分段曲线，每段参数 t 的区间是[0,1]。

B 样条曲线的定义公式如下：

$$P(t)=\sum_{i=0}^{n}P_iN_{i,k}(t)$$

$$0\leqslant t\leqslant 1,i=0,1,2,\cdots,m-2;j=0,1,2,\cdots,n-2 \tag{5-17}$$

$P_i(x_i,\ y_i)(i=0,1,2,\cdots,n)$ 是控制曲线形状的 $n+1$ 个控制点，$N_{i,k}(t)(i=0,1,2,\cdots,n)$ 称为 $k-1$ 次 B 样条基函数，是一个递推公式：

$$N_{i,1}(t)=\begin{cases}1, & t_i\leqslant t\leqslant t_{i+1}\\ 0, & 其他\end{cases} \tag{5-18}$$

$$N_{i,k}(t)=\frac{t-t_i}{t_{i+k-1}-t_i}N_{i,k-1}(t)+\frac{t_{i+k}-t}{t_{i+k}-t_{i+1}}N_{i+1,k-1}(t)$$

当 $i=0$ 时，先计算 $N_{0,1}(t)$，再计算 $N_{0,2}(t)$，…，最后计算 $N_{0,k}(t)$；当 $i=1$ 时，先计算 $N_{1,1}(t)$，再计算 $N_{1,2}(t)$，…，最后计算 $N_{1,k}(t)$，以此类推。

这里注意 i 的取值，i 从 0 到 $n+k$，是 $k-1$ 次 B 样条函数的节点矢量，节点矢量值不同，就是不同类型的 B 样条曲线。这里我们只介绍一种类型。

2. 均匀周期二次 B 样条曲线

对于 B 样条基函数，均匀性是指节点矢量 $t_i=i$（间隔均匀），周期性是指每段 B 样条基函数都一样，二次 B 样条曲线表达式如下：

$$P(t)=P_i(1-t)^2/2+P_{i+1}(-t^2+t+1/2)+P_{i+2}t^2/2$$

$$(0\leqslant t\leqslant 1,i=0,1,2,\cdots,n-2) \tag{5-19}$$

如图 5-19 所示，5 个控制点，$i=0$ 时，由 $P_0P_1P_2$ 三个控制点控制第一段二次 B 样条曲线，当 $t=0$ 时曲线经过第 1 条边 P_0P_1 的中点；$t=1$ 时曲线经过第 2 条边 P_1P_2 的中点。$i=1$ 时，由 $P_1P_2P_3$ 三个控制点控制第二段二次 B 样条曲线。$i=2$ 时,由 $P_2P_3P_4$ 三个控制点控制第三段二次 B 样条曲线。可以看出,5 个控制点生成三段二次 B 样条曲线,曲线经过控制多边形各边的中点,而且每条边是二次 B 样条曲线的切线。

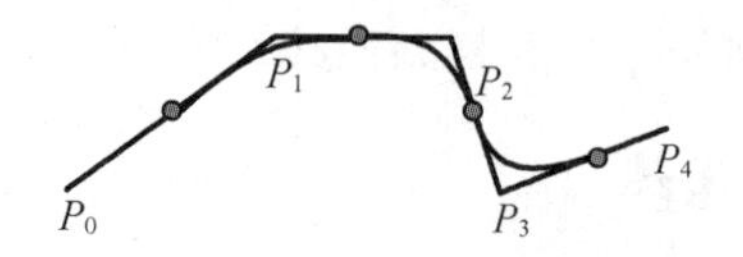

图 5-19　B 样条曲线示意图

程序设计如下:

```
//输入参数 pDC--------设备环境指针
//         x[],y[]----控制点坐标
//         n----------控制点个数
//         dt---------曲线参数间隔
//输出参数 无
void BSpline2(CDC *pDC,int x[],int y[],int n,float dt)
{int x1,y1,x2,y2; float n0,n1,n2;
x1=(x[0]+x[1])*0.5, y1=(y[0]+y[1])*0.5;
pDC->MoveTo(x1,y1);
for(int i=0;i<n-1;i++)
  for(float t=dt;t<1.0001;t=t+0.01)
    { n0=(1-t)*(1-t)*0.5;
    n1=(-2*t*t+2*t+1)*0.5;
    n2=t*t*0.5;                                   //计算基函数
    x2=x[i]*n0+x[i+1]*n1+x[i+2]*n2;
    y2=y[i]*n0+y[i+1]*n1+y[i+2]*n2;               //计算曲线上点坐标
    pDC->LineTo(x2,y2);
    }
}
```

5.4.2　B 样条曲面

均匀周期二次 B 样条曲面定义如下:

$$P(u,v)=\sum_{s=0}^{2}\sum_{t=0}^{2}p_{i+s,j+t}N_s(u)N_t(v) \tag{5-20}$$

式中，$N_0(t)=(1-t)^2/2$；$N_1(t)=(-2t^2+2t+1)/2$；$N_2(t)=t^2/2$

二次B样条曲面的一个面片中，面片的四个顶点分别是四个四边形的中心点，如图5-20所示。

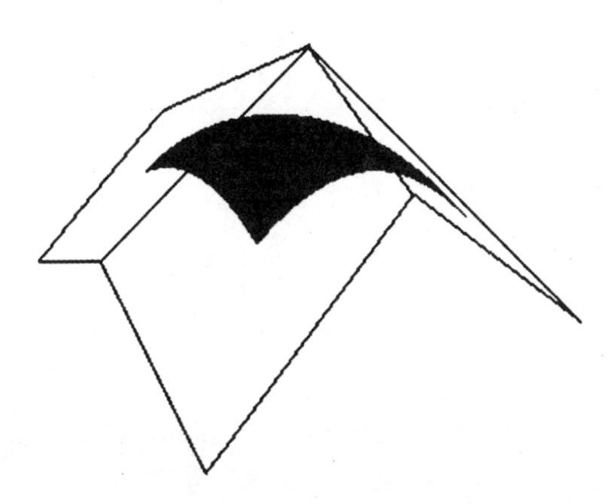

图5-20　B样条曲面片示意图

为了方便B样条曲面的程序设计，将三个基函数计算放在一函数程序中，通过参数 n 区别三个基函数：

```
floatN2(int n, float t)
{ if(n==0)return((1-t)*(1-t)/2);
else if(n==1)return((-2*t*t+2*t+1)/2);
else if(n==2)return(t*t/2);
}
```

二次B样条网格曲面绘制的函数设计如下：

```
void BFace2(CDC *pDC,int X[50][50],int Y[50][50],int Z[50][50],
int m,int n, float du,float dv,int dx,int dy)
{ float U[4],V[4],x[5],y[5],z[5];
for( int i=0;i<m-1;i++)
  for(int j=0;j<n-1;j++)
    for(float u=0;u<=1.0001;u=u+du)
      for(float v=0;v<=1.0001;v=v+dv)
      { U[0]=u,V[0]=v,U[1]=u+du,V[1]=v,U[2]=u+du,V[2]=v+dv,U[3]=
u,V[3]=v+dv;
        for(int k=0;k<4;k++)
          {x[k]=0,y[k]=0,z[k]=0;
```

```
      for(int s=0;s<=2;s++)
        for(int t=0;t<=2;t++)
          x[k]=x[k]+X[i+s][j+t]*N2(s,U[k])*N2(t,V[k]),
          y[k]=y[k]+Y[i+s][j+t]*N2(s,U[k])*N2(t,V[k]),
          z[k]=z[k]+Z[i+s][j+t]*N2(s,U[k])*N2(t,V[k]);
      }
    x[4]=x[0],y[4]=y[0];
    pDC->MoveTo(x[0],y[0]);
    for(k=1;k<=4;k++)
      pDC->LineTo(x[k]+dx,y[k]+dy);
  }
}
```

图 5-21 为控制多面体及由其控制的二次 B 样条网格曲面示意图。

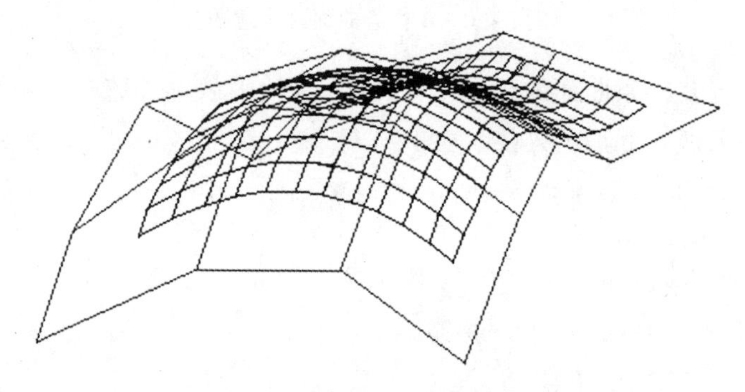

图 5-21　二次 B 样条网格曲面示意图

5.5　植物器官重建

5.5.1　叶片重建

在第 4 章中,如图 4-8 所示,已将直角坐标转为圆柱坐标的四边网格叶片点云,而这些网格就是 B 样条曲面的控制多面体,如图 5-22(a)所示,使用二次 B 样条曲面重建叶片表面就比较方便。为了充分利用前面的二次 B 样条网格曲面绘制函数,将圆柱坐标的四边网格叶片点云存入二维数组中,其程序如下。

```
for( h=0;h<H;h++)                                    //H 为叶片高度
  for( int b=rmin;b<=rmax;b++)                       //rmin 和 rmax 为叶片的
                                                       纬度范围

    XX[h][b-rmin]=R[h][b]->pp->x,
    YY[h][b-rmin]=R[h][b]->pp->y,
    ZZ[h][b-rmin]=R[h][b]->pp->z;                    //b-rmin 使二维数组下
                                                     //标从 0 开始
```

叶片重建关键程序如下：

```
zuff_init(5000);                                     //Z 缓冲器赋初值
for(int i=0;i<H-2;i++)                               //循环叶片高度方向
  for(int j=0;j<rmax-rmin-2;j++)                     //循环叶片纬度方向
    {for(float u=0;u<1.0001;u=u+du)
    for(float v=0;v<1.0001;v=v+dv)                   //循环 B 样条曲面两个
                                                     //参数
      { U[0]=u,V[0]=v,U[1]=u+du+du/4,V[1]=v,
      U[2]=u+du+du/4,V[2]=v+dv+dv/4,U[3]=u,V[3]=v+dv+dv/4;
      for(int k=0;k<4;k++)                           //循环控制网格四个顶点
        {x[k]=0,y[k]=0,z[k]=0;
        for(int s=0;s<=2;s++)
          for(int t=0;t<=2;t++)
            x[k]=x[k]+XX[i+s][j+t]*N2(s,U[k])*N2(t,V[k]),
            y[k]=y[k]+YY[i+s][j+t]*N2(s,U[k])*N2(t,V[k]),
            z[k]=z[k]+ZZ[i+s][j+t]*N2(s,U[k])*N2(t,V[k]);
                                                     //计算叶面小四边坐标点
        }
      x[4]=x[0],y[4]=y[0],z[4]=z[0];                 //封闭四边形
      FullRealSmall(pDC,x,y,z,4,100,100,200,200,0.5,50,80*3.14/
180,1);                                              //对小四边进行真实感
                                                     //绘制
      }
    }
```

图 5-22 为叶片网格面及重建效果。

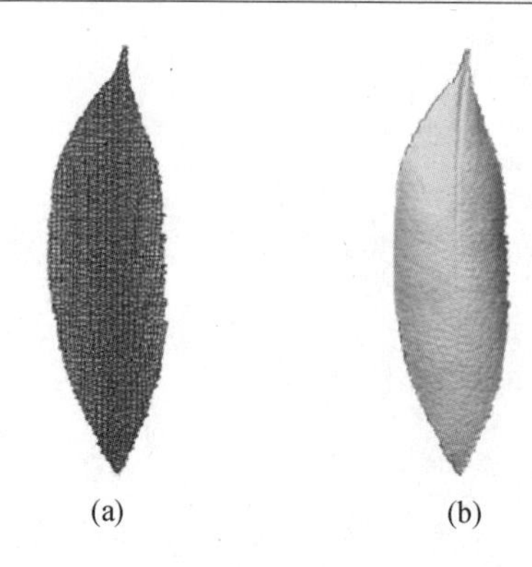

(a) (b)

图 5-22 叶片网格面及重建示意图

5.5.2 花朵重建

因为花朵的形状特殊,所以花朵的重建比叶片复杂。在第 4 章中,将花朵坐标转为圆柱坐标主要是为了方便提取花朵形状特征及花瓣分割。设花朵经过旋转变换处于如图 4-10(a)的位置。根据花朵的形状,重建花朵时,可以将花朵坐标转为圆环坐标。

根据第 4 章内容计算花朵最大直径(D),设置圆环的旋转圆半径为 $D/4$,且旋转圆的圆心为($D/4$,0), 圆环与花朵的关系如图 5-23 所示,其中两个图为不同方向的投影图,从图中可以看出,如果将花朵直角坐标转为圆环坐标,可快速得出花朵点云数据间的邻接关系。

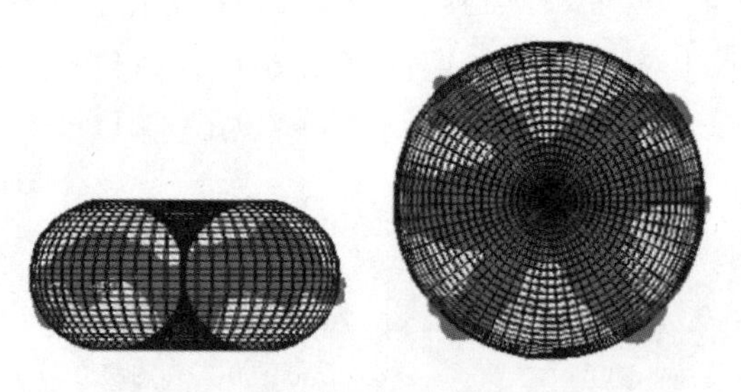

图 5-23 花朵与圆环的关系

1. 直角坐标与圆环坐标的变换关系

已知点云直角坐标为(x,y,z),将其转为圆环坐标主要包括 α、β 两个参数值,如图 5-24 所示,这里的 α 类似 4. 1. 2 中的 φ 的计算公式,所以本节只介绍 β 的计算。

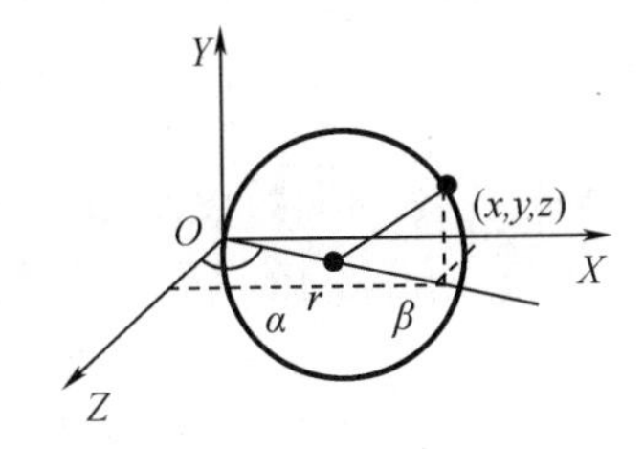

图 5-24　直角坐标转圆环坐标示意图

为了直观计算，将 y 分为 $y>0$ 与 $y\leqslant 0$ 两种情况，同时将 β 分为四个象限分别计算。

计算公式如下：

$$
\begin{cases}
\beta=\arctan\left(\dfrac{y}{d-r}\right) & d>r, y>0 \\
\beta=\pi-\arctan\left(\dfrac{y}{r-d}\right) & d\leqslant r, y>0 \\
\beta=2\pi-\arctan\left(\dfrac{y}{r-d}\right) & d>r, y\leqslant 0 \\
\beta=\pi+\arctan\left(\dfrac{y}{d-r}\right) & d\leqslant r, y\leqslant 0
\end{cases}
\tag{5-21}
$$

一个直角坐标点转为圆环坐标的函数设计如下：

```
void XyzToRing(float x,float y,float z,int r, int &a int &b)
{float a1,b1, d=sqrt(x*x+z*z);
if(x>0){if(z>0)a1=atan(x/z);
        else a1=3.14-atan(-x/z);
        }
else {if(z>0)a1=6.28-atan(-x/z);
      else a1=3.14+atan(x/z);
      }
a=a1*180/3.14+0.5;                                  //弧度转为度
if(y>0){ if(d>r)b1=atan(y/(d-r));
        else b1=3.14-atan(y/(r-d));
        }
else { if(a>X0)b1=6.28-atan(y/(r-d));
      elseb1=3.14+atan(y/(d-r));
      }
```

```
    b=b1 * 180/3.14+0.5;                          //弧度转为度
    }
```

花朵点云直角坐标转为圆环坐标的函数设计如下：

```
void CloudToRing(PointXYZ *Head,HLList *R[361][361])
{int y,a,b;float r; HLList *PHL1,*PHL2,*PHL3;
PL1=Head;
for(int i=0;i<PNum;i++)
  {XyzToRing(PL1->X,PL1->Y,PL1->Z,a,b);        //直角坐标转圆环坐标
  if(R[a][b]==NULL)                            //如果该角度没有点就直
                                               //接加点
    { R[a][b]=(HLList *)malloc(sizeof(HLList));
                                               //开辟点云邻接链表节点
                                               //空间
      R[a][b]->r=1;
      R[a][b]->pp=(PointList *)malloc(sizeof(PointList));
                                               //开辟点坐标空间
      R[a][b]->pp=PL1;
    }
    else                                       //如果有相同的a、b点就
                                               //求和
  { R[a][b]->pp->X+=PL1->X,R[a][b]->pp->Y+=PL1->Y,R[a][b]->pp->
Z+=PL1->Z;
    R[a][b]->r++;                              //计数
  }
  PL1=PL1->NextP;
  }
for(a=0;a<360;a++)
  for( b=0;b<360;b++)
    if(R[a][b]!=NULL)
    R[a][b]->pp->X=R[a][b]->pp->X/R[a][b]->r,
    R[a][b]->pp->Y=R[a][b]->pp->Y/R[a][b]->r,
    R[a][b]->pp->Z=R[a][b]->pp->Z/R[a][b]->r;
                                               //取平均值
}
```

图5-25(b)为图5-25(a)经过坐标变换后简化的点云数据。

图 5-25　花朵点云直角坐标转圆环坐标示意图

2. 圆环坐标的补点

根据 4. 4. 1 及 4. 4. 2 中的花朵点云数据,已将花朵分割 7 个部分,在圆环坐标下,如图 5-26 所示。

图 5-26　花朵的 7 个部分示意图

对每个部分进行单独补点。补点思路是:计算每个花瓣的最大和最小角度范围,在角度范围内如果存在某一个圆环角度参数没有对应的点,则就取点云数据中最近的点坐标。这种方法并没有增加其他不同位置的点,只是用邻近点填补空缺角度上的点,也可以理解为不同角度参数的点是同一个重合的坐标点。

补点的函数设计如下:

```
//输入参数 pDC------------设备环境
//          R[361][361]---以圆环坐标形式表示花朵点云
//          n--------------花朵中不同部分的标志
//输出参数 ---------------无
void InsertPoint(CDC *pDC,HLList *R[361][361],int n)
{int bmax=0,bmin=360,amax=0,amin=360;
for(int a=0;a<=360;a++)
  for( int b=0;b<360;b++)
  {if(R[a][b]! =NULL&&R[a][b]->bz==n)
    { if(b<bmin)bmin=b;
     if(b>bmax)bmax=b;
     if(a<amin)amin=a;
     if(a>amax)amax=a;                          //如果是该部分花瓣且不
```

```
                                                //需要补点,计算花瓣角
                                                //度范围
      }
    }
  for(int b=bmin;b<=bmax;b++)
    { for(a=amin;a<=amax;a++)
      if(R[a][b]!=NULL&&R[a][b]->bz==n)         //第一个角度不为空点
      { for(int aa=amin;aa<a;aa++)              //循环左边角度的空点
        {R[aa][b]=(HLList *)malloc(sizeof(HLList));
                                                //开辟空点的空间
        R[aa][b]->pp=(PointList *)malloc(sizeof(PointList));
        R[aa][b]->pp=R[a][b]->pp;               //左边角度的空点全取第
                                                //一个角度不为空点的
                                                //坐标
        R[a][b]->bz=n;                          //标记属于哪一部分
        }
      break;
      }
    for(a=amax;a>=amin;a--)
    if(R[a][b]!=NULL&&R[a][b]->bz==n)           //最后一个角度不为空
      { for(int aa=a+1;aa<=amax;aa++)           //填充右边角度的空点
        {R[aa][b]=(HLList *)malloc(sizeof(HLList));
                                                //开辟空点的空间
        R[aa][b]->pp=(PointList *)malloc(sizeof(PointList));
        R[aa][b]->pp=R[a][b]->pp;               //右边角度的空点全取最
                                                //后一个角度不为空点的
                                                //坐标
        R[a][b]->bz=n;                          //标记属于哪一部分
        }
      break;
      }
   for(a=amin+1;a<=amax-1;a++)
     if(R[a][b]==NULL)                          //中间有空点
       {R[a][b]=(HLList *)malloc(sizeof(HLList));
                                                //开辟空点的空间
```

```
        R[a][b]->pp=(PointList *)malloc(sizeof(PointList));
        R[a][b]->pp=R[a-1][b]->pp;          //中间的空点取前一个角
                                            //度不为空点的坐标
        R[a][b]->bz=n;                      //标记属于哪一部分
        }
      }
    for( a=amin;a<=amax;a++)
      for( int b=bmin;b<=bmax;b++)
        XX[a][b]=R[a][b]->pp->X,YY[a][b]=R[a][b]->pp->Y,
        ZZ[a][b]=R[a][b]->pp->Z;            //将点云存入二维数组,便
                                            //于重建
  }
```

补点后 6 个花瓣的完整网格图如图 5-27 所示,这些网格面就是 B 样条曲面的控制多面体,就可进行下一步的 B 样条曲面重建。

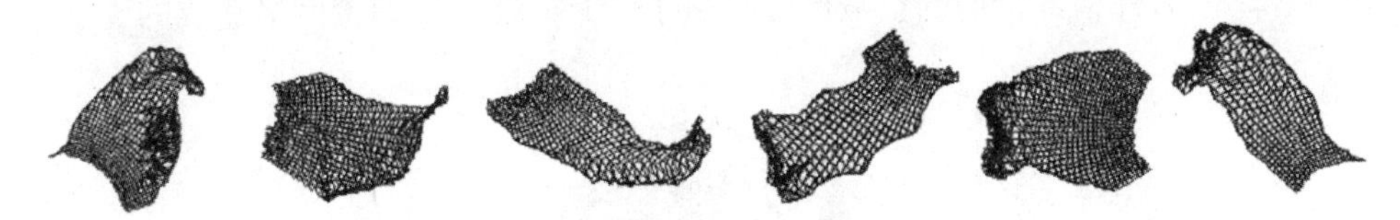

图 5-27　补点后 6 个花瓣的网格图

3. 花朵的 B 样条曲面重建

分别对花朵的各个部分使用二次 B 样条曲面进行重建,重建方法与叶片重建相同,只是控制点范围不同,结果如图 5-28 所示。将各部分合成可得到如图 5-29 所示的完整花朵的重建。

图 5-28　花朵各部分的重建示意图

图 5-29　花朵重建示意图

5.5.3　果实重建

在第 4 章中，按照图 4-7 所示已将直角坐标转为球坐标的四边网格果实点云，同样这些网格就是曲面的控制多面体。如图 5-19 所示，B 样条曲面的每个小曲面片离控制多面体边界有一段距离，所以密闭网格体得到的 B 样条曲面是不封闭的，需要添加重复的网格生成封闭的 B 样条曲面。

在图 5-30 中，果实上部的黑圆是经度网格在 180°的位置时，B 样条曲面的空缺部分，另外中部带型的空缺部分是由于没有添加重复纬度网格造成的。

图 5-30　B 曲面网格不封闭状态示意图

为了解决以上问题，需要将果实的经度点向外部进行扩充，使 B 样条曲面可以到达经度 0°和 180°，计算如下：

$$\begin{gathered} A_{-1,y}=2A_{0,y}-A_{1,y} \\ A_{180/d+1,y}=2A_{180/d,y}-A_{180/d-1,y} \\ (y=0,1,2,\cdots,360/d) \end{gathered} \tag{5-22}$$

再扩充纬度点，使 B 样条曲面可以在纬度方向形成封闭度，计算如下：

$$\begin{gathered} A_{x,360/d+y}=A_{x,y} \\ (x=0,1,2,\cdots,180/d,y=1,2) \end{gathered} \tag{5-23}$$

与叶片与花朵重建方法相同，使用二次 B 样条曲面重建，图 5-31 所示分别为蜜橘、柠檬、青椒的重建效果图。

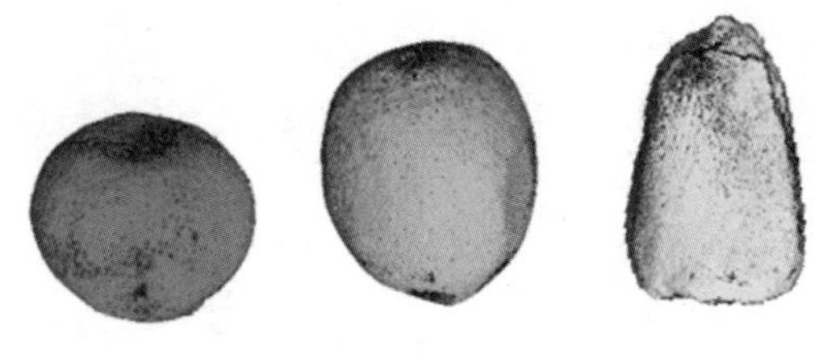

图 5-31　果实重建效果图

5.5.4　树枝重建

根据 4.5.3 中对树枝的分割，可对各分枝分别进行重建。

1. 直角坐标转为圆柱坐标思想

由于枝干类似圆柱，所以枝干的重建可转为圆柱坐标，但必须每个枝干的圆柱圆点各自独立。如图 5-32(a)所示，对于一个倾斜的独立分枝干，如果使用如图 5-32(b)所示的圆柱坐标，则圆柱的中心轴会在倾斜分枝干的同一侧，不利于坐标转换。可以使用如图 5-32(c)所示倾斜的圆柱进行坐标变换，但倾斜的圆柱方向需要与分枝方向一致，而且如果倾斜的分枝有一定弯度，也不利于坐标转换，因此，需要分段进行坐标变换。

根据枝干的分割方法，各分枝的分割面是水平面，所以可使用类似如图 5-32(d)所示的圆柱坐标。由于已经获取各枝干的高度点云数据，可以方便计算每个高度点云数据的中心坐标，以该中心坐标为当前点云数据圆心，进行圆坐标转换，计算点云数据的角度、半径及高度。图 5-32(e)中的 m 点为点云数据中心示意点。

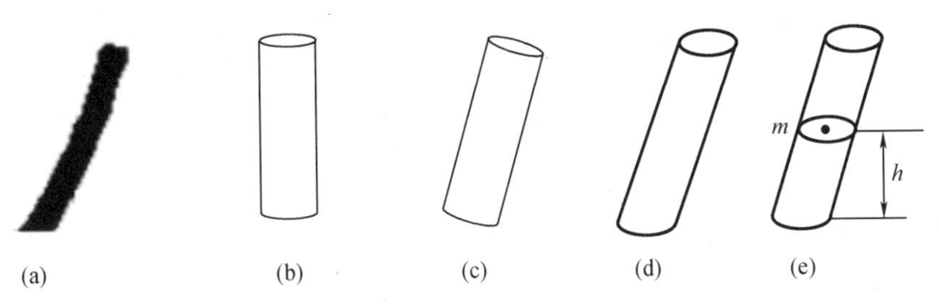

图 5-32　分枝干坐标转换示意图

2. 不同高度的坐标转换

①计算同一个高度点云的中心点；

针对每个坐标高度 h，首先计算同一个高度点云的中心点(X_m,Z_m)：

```
xm=0,zm=0,sum=0;
PHL1=H1[h];                          //指向高度为h的链表中的第
                                     //1个点
while(PHL1!=NULL)
  {xm+=PHL1->pp->X,zm+=PHL1->pp->Z,
                                     //分别计算点云的坐标之和
  sum++;                             //点云计数
  PHL1=PHL1->NextT;                  //指向高度为h链表中的下一
                                     //个点
  }
xm=xm/sum,zm=zm/sum;                 //计算高度为h点云的平均值
```

②将高度为 h 的点云中心平移到坐标原点；

主要是为了正确转换为圆柱坐标：

```
while(PHL1!=NULL)
  {PHL1->pp->X-=xm,PHL1->pp->Z-=ym;
   XyzToCircle(PHL1->pp->X,PHL1->pp->Y,PHL1->pp->Z,b,r);
                                     //直角坐标转圆坐标
   if(RR[h][b]==NULL)                //如果该角度与高度没有点就
                                     //直接加点
   {  RR[h][b]=(HLList *)malloc(sizeof(HLList));
                                     //开辟点云邻接链表节点空间
     RR[h][b]->pp=(PointList *)malloc(sizeof(PointList));
                                     //开辟点坐标空间
     RR[h][b]->pp=PHL1->pp;
     RR[h][b]->bz=1;
   }
  else                               //如果该角度与高度有多余的
                                     //点,求和并计数
   {  RR[h][b]->pp->X+=PHL1->pp->X,
     RR[h][b]->pp->Z+=PHL1->pp->Z;
                                     //将多个点合并到第1个点中
```

```
      RR[h][b]->bz++;                    //计数
    }
  PHL1=PHL1->NexT;                       //查找高度 h 的下一个点
}
```

图 5-33 显示了转换为圆柱坐标过程示意图。图 5-33(a)所示是两个不同高度的原始横截面点云,由于枝干有倾斜,所以两个点云数据圆环的中心并不在垂直线上,图 5-33(b)所示是两个点云数据圆环中心平移后的效果。在树枝重建前,需将点云反向平移进行还原。

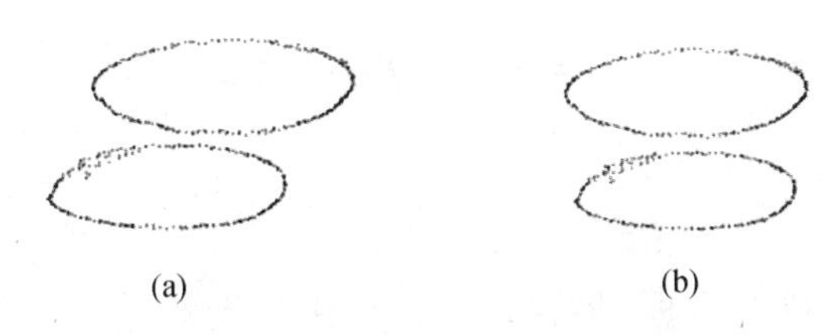

图 5-33　转圆柱坐标的过程示意图

3. 点云数据滤波

这里以底部枝干点云数据为例。如图 5-34(a)所示,为了使树枝的横截面能够明显地展示出来,将底部枝干点云数据绕 X 轴旋转一定角度,如图 5-34(b)所示,当 $h=2$ 时的点云数据放大后的横截面为图 5-34(c),当 $h=4$ 和 $h=8$ 时,分别对应图 5-34(d)和图 5-34(e)。从图中可以看出,在同一个高度上,点云数据在枝干的周围有一些多余的点,可以通过均值法进行滤波处理。

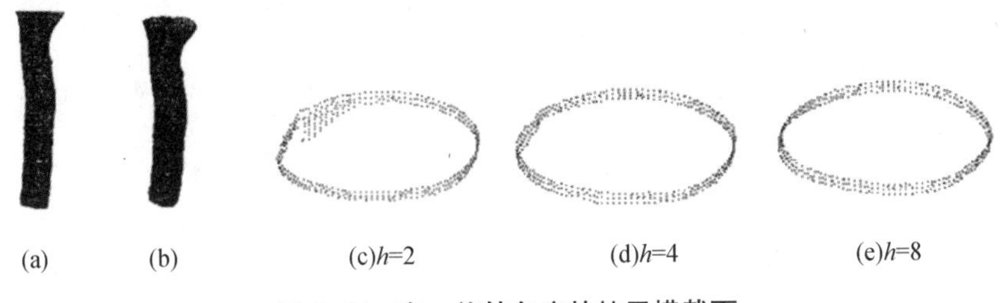

图 5-34　有一旋转角度的枝干横截面

具体关键程序如下:

```
for(b=0;b<=360;b++)
  if(RR[h][b]!=NULL)
  {RR[h][b]->pp->X=RR[h][b]->pp->X/RR[h][b]->bz+xm,
```

```
RR[h][b]->pp->Z=RR[h][b]->pp->Z/RR[h][b]->bz+zm;
                                                    //取平均值并平移回原位值
}
```

图 5-35 为均值滤波后的点云数据,可以看出点云数据简化了。

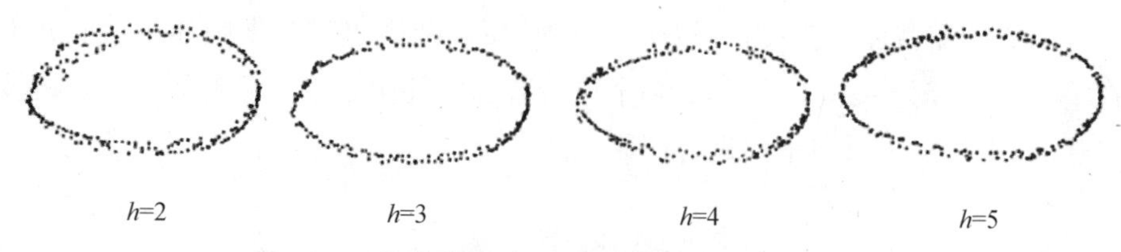

图 5-35　均值滤波后枝干横截面点云数据示意图

4. 点云数据补漏点

补漏点与叶片补漏点方法类似,只是在 360°角度范围内采用邻近法进行补点,不改变原点云数据坐标,将漏掉的角度用邻近的坐标值代替。关键程序如下:

```
int bmin,bmax;
  for(b=0;b<=360;b++)
    if(RR[h][b]!=NULL)
      {bmin=b;break;}                      //寻找最小角度的非漏点 bmin
  if(bmin! =360)                           //存在漏点
  {  for(b=0;b<bmin;b++)
      RR[h][b]=RR[h][bmin];                //补小角度的连续漏点
    for(b=360;b>=bmin;b--)
      if(RR[h][b]!=NULL)
      {bmax=b;break;}                      //寻找最大角度的非漏点 bmax
    if(bmax>=bmin)
      {for(b=360;b>bmax;b--)
        RR[h][b]=RR[h][bmax];              //补大角度的连续漏点
      for(b=bmin+1;b<bmax;b++)
        if(RR[h][b]==NULL)                 //寻找中间角度的漏点
          RR[h][b]=RR[h][b-1];             //补中间角度的漏点
  }
}
```

图 5-36 为补漏点后各分枝的网格图。

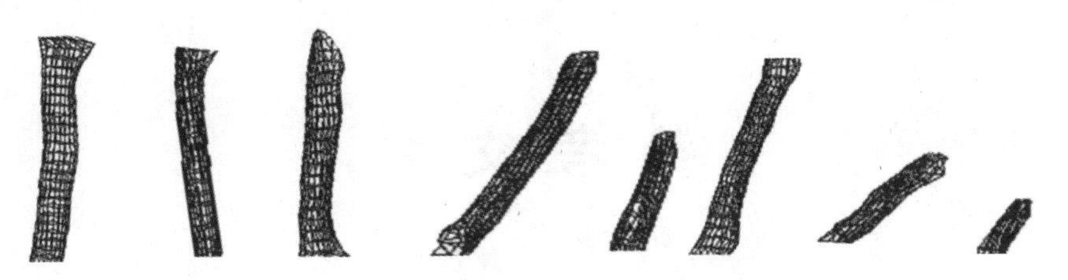

图 5-36　补漏点后各分枝干的网格图

5. 枝干重建

完成网格图的构建后,与前面叶片与花朵的重建方法相同,使用二次 B 样条曲面进行各分枝重建,效果如图 5-37 所示,整体枝干重建如图 5-38 所示。

图 5-37　各分枝干的重建示意图

图 5-38　整体枝干的重建示意图

参 考 文 献

[1] LINDENMAYER A. Mathematical models for cellular interactions in development[J]. Journal of Theoretical Biology ,1968,18(3):300-315.

[2] PRUSINKIEWICZ P,Hammel M,MJOLSNESS E. Animation of plant development[J]. Computer Graphics and Interactive Techniques,1993,27(3):351-360.

[3] PRUSINKIEWICZ P,HANANZ P P,HAMMEL M. et al. L-Systems: from the theory to visual models of plants[C]. In the 2nd CSIRO Symposium on Computational Challenges in Life Sciences ,1996.

[4] 陈昭炯. 基于 L-系统的植物结构形态模拟方法[J]. 计算机辅助设计与图形学学报,2000,12(8):571-574.

[5] PRUSINKIEWICZ P, MÜNDERMANN L, KARWOWSKI R,et al. The use of positional information in the modeling of plants[J]. In Proc. ACM SIGGRAPH '01 ,2001:289-300.

[6] 张树兵,王建中. 基于 L 系统的植物建模方法改进[J]. 中国图象图形学报(A 辑),2002,7(15):457-460.

[7] WANG L,WANG W,DORSEY J,et al. Real-time rendering of plant leaves [C]. Computer Graphics Proceedings , Annual Conference Series , ACM SIGGRAPH , Los Angles , 2005:712-719.

[8] 邓旭阳,郭新宇,周淑秋,等. 玉米叶片形态的几何造型研究[J]. 中国图象图形学报,2005,10(5):637-641.

[9] HABEL R,KUSTERNIG A,WIMMER M. Physically based real-time translucency for leaves[C]. In Proc. Euro-graphics Symposium on Rendering, 2007:253-263.

[10] LU L,XU H Z. Research on visualization of plant fruits based on deformation [J]. New Zealand Journal of Agricultural Research,2007,50(5):593-600.

[11] 陆玲,王蕾. 基于椭球变形的植物果实造型[J]. 农业机械学报,2007,38

(4):114-117.

[12] 陆玲,周书民.植物果实的几何造型及可视化研究[J].系统仿真学报,2007,19(8):1739-1741.

[13] 陆玲,王蕾,杨勇,等.基于平面变形的植物花瓣可视化研究[J].农业机械学报,2008,39(9):87-91.

[14] LU L,WANG L,YANG X D. A visualization model of flower based on deformation[C]//International Conference on Computer and Computing Technologies in Agriculture. Boston, MA: Springer, 2009(295): 1487-1495.

[15] LU L,WANG L,YANG X D. A flower growth simulation based on deformation[J]. IEEE Computer Society,2008(02):216-218.

[16] LU L,WANG L,SONG W L. A plant fruit growth simulation based on deformation[C]//Proceedings of 2008 International Workshop on Information Technology and Security, 2008:150-153.

[17] LU L, SONG W L,WANG L. A visualization model for simulating the growth of flower and fruit[J]. JIAC,2009(3):223-227.

[18] LU L, SONG W L,WANG L. A simulation method for the fruitage body[J]. SPIE, 2009:7490.

[19] 陆玲,杨学东,王蕾.半透明植物花朵可视化造型研究[J].农业机械学报,2010,41(3):173-176.

[20] 陆玲,王蕾.植物叶脉可视化造型研究[J].农业机械学报,2011,42(6):179-183.

[21] 陆玲,李丽华.植物花色模拟研究[J].系统仿真学报,2012,24(9):1892-1895.

[22] LU L. Modeling research for plant flower color[J]. Applied Mechanics and Materials,2014(667):237-241.

[23] 董天阳,范允易,范菁.保持视觉感知的三维树木叶片模型分治简化方法[J].计算机辅助设计与图形学学报, 2013,25(5):686-696.

[24] WANG R,YANG Y, ZHANG H,et al. Variational tree synthesis[J]. In Computer Graphics Forum,2014(33),82-94.

[25] YI L,LI H J, GUO J W,et al. Oliver deussen light-guided tree modeling [J]. Pacific Graphics,2015:53-57.

[26] LINTERMANN B,DEUSSEN O. Interactive modeling of plants[J]. IEEE

Computer Graphics Applications,1999,19(1):56-65.

[27] MUNDERMANN L, MACMURCHY P, PIVOVAROV J, et al. Modeling lobed leaves[J]. Computer Graphics International,2003(1):60-65.

[28] IJIRI T,OWADA S,OKABE M,et al. Floral diagrams and inflorescences: interactive flower modeling using botanical structural constraints[J]. ACM Transactions on Graphics, 24(3): 720-726.

[29] IJIRI T, OWADA S,IGARASHI T. Seamless integration of initial sketching and subsequent detail editing in flower modeling[J]. Computer Graphics Forum, 2006, 25(3): 617-624.

[30] OKABE M,OWADA S,IGARASHI T. Interactive design of botanical trees using freehand sketches and examplebased editing [C]//SIGGRAPH '06: ACM SIGGRAPH 2006 Courses. Boston:ACM,2006:18.

[31] IJIRI T, YOKOO1 M, KAWABATA1 S,et al. Surface-based growth simulation for opening flowers[C]//Proceedings of Graphics Interface 2008. New York:ACM,2008:227-234.

[32] CHEN X,NEUBERT B, XU Y Q,et al. Sketch—based tree modeling using markov random field[C]//ACM SIGGRAPH Asia 2008 papers. New York: ACM, 2008:20.

[33] ANASTACIO F,PRUSINKIEWICZ P,SOUSA M. Sketch-based parameterization of l-systems using illustrationinspired construction lines and depth modulation[J]. Computers and Graphics, 2009,33(4): 440 - 451.

[34] LONGAY S,RUNIONS A,BOUDON F,PRUSINKIEWICZ P. Interactive procedural modeling of trees on a tablet[J]. In Proc. SBIM, 2012:107-120.

[35] SHLYAKHTER I,ROZENOER M, DORSEY J,et al. Reconstructing 3d tree models from instrumented photographs [J]. IEEE Computer Graphics and Applications,2001,21(3):53 - 61.

[36] RECHE A,MARTINEZ A, MARTIN I,et al. Volumetric reconstruction and interactive rendering of trees from photographs [J]. ACM Transactions on Graphics, 2004, 23(3):720-727.

[37] QUAN L, TAN P, ZENG G,et al. Image—based plant modeling[J]. ACM Trans. Graph,2006,25(3):599-604.

[38] NEUBERT B,FRANKEN T, DEUSSEN O. Approximate image—based tree-

modeling using particle flows[J]. ACM Trans. on Graphics,2007,26(3):71-78.

[39] TAN P,ZENG G, SING J W,et al. Image—based tree modeling[J]. ACM Transactions on Graphics, 2007,3(26):87.

[40] TAN P, FANG T, XIAO J X,et. al. Single image tree modeling[J]. ACM Transactions on Graphics, 2008,5(27):1-7.

[41] MA W, ZHA H B, LIU J, et al. Image—based plant modeling by knowing leaves from their apexes[C]//2008 19th International Conference on Pattern Recognition. Tampa,IEEE, 2009: 1-4.

[42] BRADLEY D, NOWROUZEZAHRAI D,BEARDSLEY P. Image—based reconstruction and synthesis of dense foliage[J]. ACM Trans. Graph,2013,4(32):1-10.

[43] YAN F, SHARF A, LIN W,et al. Proactive 3d scanning of inaccessible parts[J]. ACM Transactions on Graphics, 2014, 33(4): 1-8.

[44] XU H, GOSSETT N, CHEN B. Knowledge and heuristic—based modeling of laser-scanned trees[J]. ACM Trans. on Graphics,2007,26(4):19.

[45] BUCKSCH A, LINDENBERGH R. Campino—a skeletonization method for point cloud processing[J]. SPRS Journal of Photogrammetry and Remote Sensing, 2008, 63(1): 115-127.

[46] BUCKSCH A, LINDENBERGH R, MENENTI M. Skeltre—fast skeletonisation for imperfect point cloud data of botanic trees[C]//Proceedings of the 2nd Eurographics conference on 3D Object Retrieval. New York: ACM, 2009: 13-20.

[47] CÔTÉ J F, WIDLOWSKI J L. , FOURNIER R A,et al. The structural and radiative consistency of three—dimensional tree reconstructions from terrestrial lidar[J]. Remote Sensing of Environment, 2009, 113(5): 1067-1081.

[48] LIVNY Y, YAN F, OLSON M,et al. Automatic reconstruction of tree skeletal structures from point clouds[J]. ACM Transactions on Graphics, 29(6): 151.

[49] LIVNY Y, PIRK S, CHENG Z,et al. Texture-lobes for tree modelling[J]. ACM Trans. on Graphics,2011,30(4):1-10.

[50] RAUMONEN P, KAASALAINEN M, KAASALAINEN S, et al. Fast automatic precision tree models from terrestrial laser scanner data[J]. Remote Sensing, 2013, 5(2): 491-520.

[51] IJIRI T, YOSHIZAWA S, YOKOTA H, et al. Flower modeling via x-ray computed tomography[J]. ACM Transactions on Graphics, 2014, 33(4): 1-10.

[52] ZHANG X P, LI H J, DAI M R, et al. Data-driven synthetic modeling of trees[J]. IEEE Transactions on Visualization and Computer Graphics, 2014, 20(9): 1214-1226.

[53] YIN K, HUANG H, LONG P X, et al. Full 3d plant reconstruction via intrusive acquisition[J]. Computer Graphics Forum, 2016, 35(1): 272-284.

[54] 陆玲,姚玲洁,郭建伟,等. 基于球坐标的植物果实重建[J]. 中国农机化学报,2020,10(41):176-182.